Die Matheprofis 4

Ein Mathematikbuch für das 4. Schuljahr

Ausgabe D

Herausgegeben von
Sybille Schütte

Erarbeitet von
Waltraud Haller, Sybille Schütte und Lilo Verboom
unter beratender Mitarbeit von Barbara Ruetz, Stephanie Schuler
und Horst Schiffler

Illustriert von
Julia Ginsbach, Helge Glatzel-Poch
und Jan Birck

Oldenbourg

Willkommen bei den Matheprofis!

Diese Zeichen sagen dir, was du tun musst:

Schau genau hin.
Hier kannst du etwas entdecken.

Schneide, male und bastle.

Partnerarbeit oder Gruppenarbeit

Für Profis

Schreibe in dein Lerntagebuch.

So kannst du weiterarbeiten.

Bildnachweis

S. 24, 25: Vereinswappen von Fußballvereinen der 1., 2. und 3. Liga. S. 25: Allianz Arena, München. S. 28 (Blaumeise): Ludwig Binder. S. 29 (Foto): Juniors Bildarchiv, Ruhpolding. S. 30: Hilary Richardson, HCR. S. 44: Staatliche Münzsammlung, München. S. 67 (Euro-Cent): © Europäische Zentralbank, Frankfurt am Main. S. 77: Bavaria Bildagentur, Gauting (DRA). S. 81 (Karte): Achim Norweg, München. S. 83: Copyright: Airbus S.A.S. S. 85 (Foto): M. Babey, Basel. S. 94: aus: Beseler / Roggenkamp: Micheliskirche Hildesheim, 1954. S. 70, 71, 72: VG Bild-Kunst, Bonn 2005.

1. Auflage 2006 R E
Druck 11 10 09 08 07 06
Die letzte Zahl bezeichnet das Jahr des Drucks.
Alle Drucke dieser Auflage sind untereinander unverändert und im Unterricht nebeneinander verwendbar.

Umschlagkonzept: Mendell & Oberer, München
Umschlagillustration: Julia Ginsbach, Grebbin
Lektorat: Udo Roos, Christine Wagner
Herstellung und Layout: Dietmar Schell
Satz: Sabine Hüttenkofer, Dingharting
Druck: J. P. Himmer GmbH, Augsburg

ISBN 3-486-**80724**-2
ISBN 978-3-637-**80724**-2 (ab 1.1.2007)

Inhaltsverzeichnis

(Genaueres zu den mathematischen Inhalten und Themen siehe S. 106/107)

Schulquiz

Klasse 1a	28	Klasse 1b	26
Klasse 2a	31	Klasse 2b	29
Klasse 3a	23	Klasse 3b	22
Klasse 4a	27	Klasse 4b	24

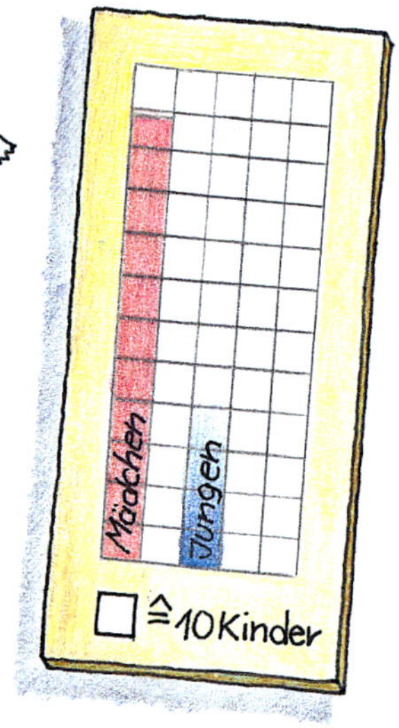

Großes Schulquiz
von Olgun

Für jede richtige Antwort: 35 Plus-Punkte
Für jede falsche Antwort: 35 Minus-Punkte

1. Wie viele Kinder sind in unserer Schule?
   ☐ 205 ☐ 210 ☐ 215
2. Wie viele Mädchen sind in unserer Schule?
   ☐ 109 ☐ 115 ☐ 119
3. Wie viele Jungen sind in unserer Schule?
   ☐ 99 ☐ 91 ☐ 101
4. Wie alt wird unsere Schule im Jahr 2009?
   ☐ 60 Jahre ☐ 70 Jahre ☐ 80 Jahre
5. Welches Fach ist das Lieblingsfach der Dritt- und Viertklässler?
   ☐ Mathe ☐ Kunst ☐ Sport
6. Wie viele Stunden ist unser Sekretariat in der Woche geöffnet?
   ☐ $10\frac{1}{2}$ h ☐ $13\frac{1}{2}$ h ☐ $14\frac{1}{2}$ h
7. Wie viele Bücher sind in unserer Schülerbücherei?
   ☐ 1152 ☐ 1242 ☐ 1252
8. Wie viele Treppenstufen sind in unserem Schulgebäude?
   ☐ 100 ☐ 120 ☐ 180

(1) Fast alle Fragen aus Olguns Quiz kannst du beantworten, wenn du dir die Seite genau ansiehst.

(2) Denkt euch selbst Fragen für ein Quiz zu eurer Schule aus, bei denen man zählen, rechnen oder messen muss.

(3) Beschafft euch die Zahlen von eurer Schule, die ihr zur Beantwortung eurer Fragen braucht. Teilt euch die Arbeit auf.

Was machst du in deiner freien Zeit am liebsten?
Was vermutest du: Womit verbringen andere Kinder ihre Freizeit?

(4) Die Matheprofis haben in ihrer Schule im 3. und 4. Schuljahr eine Umfrage zum Thema „Freizeit" gemacht. Jeder konnte bis zu drei Lieblingsbeschäftigungen nennen.

Das sind die Schaubilder von den 5 häufigsten Nennungen aus jeder Klasse:

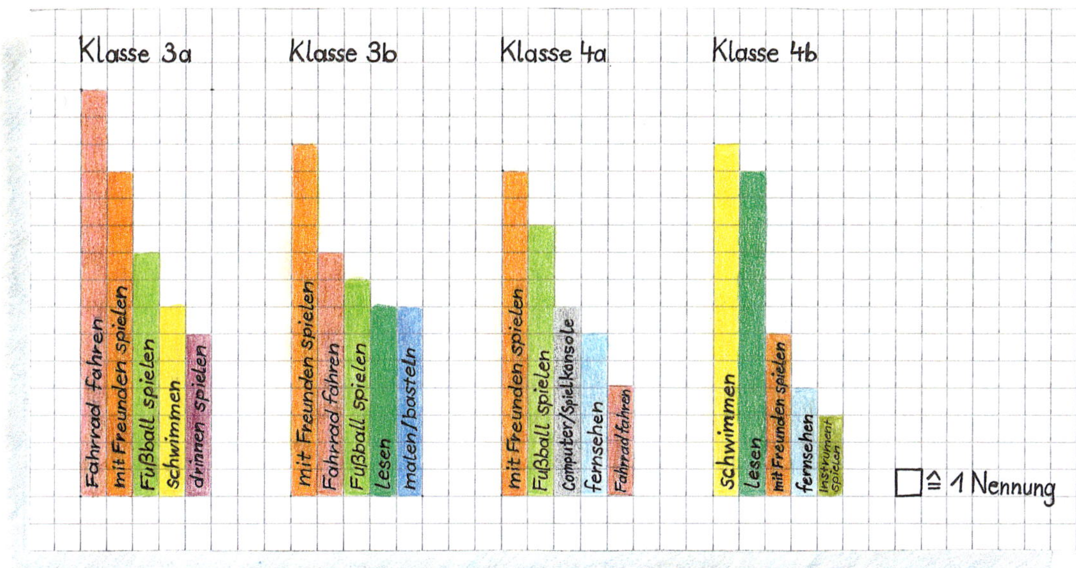

a) Vergleiche die Schaubilder der einzelnen Klassen.
Was kannst du alles aussagen?

b) Macht eine Umfrage in eurer Klasse und zeichnet dazu ein Schaubild.

c) Zeichne ein Schaubild für die Ergebnisse aus allen vier Klassen zusammen.
(☐ ≙ jetzt 10 Nennungen) Was kannst du jetzt aussagen?

(5) Ihr könnt auch an eurer Schule eine Umfrage zum Freizeitverhalten machen. Ihr könnt auch über das Internet Kontakt zu anderen Schulen aufnehmen. (Adressen findet ihr z. B. unter www.grundschullinks.de.)

Um wirklich sagen zu können, welche Freizeitaktivitäten am häufigsten vorkommen, muss man noch mehr Kinder befragen. Eine „Stichprobe" von ungefähr 100 Kindern ist zu klein. Eine „repräsentative Umfrage" geht von etwa 800 Kindern an unterschiedlichen Orten aus.

Rechnen mit Stellenwerten

Tausender-König

Spielanleitung

Spieler: 2 oder mehr. Jeder zeichnet sich ein Neunerquadrat auf. Würfelt abwechselnd. Entscheidet, an welcher Stelle ihr die gewürfelte Zahl im Neunerquadrat eintragen wollt. Nach 9 Würfen ist das Quadrat voll und ihr könnt die Summe berechnen. Wer ist am nächsten an 1 000? Notiert eure Unterschiede. Nach 5 Spielrunden werden die Unterschiede addiert. Wer die kleinste Gesamtpunktzahl hat, ist Tausender-König!

(1) 

Wie kannst du die Augenzahlen so im Neunerquadrat anordnen, dass du möglichst nahe an die 1 000 kommst? Erreichst du genau 1 000?

(2) Ergebniszahl 1 000!

□□□
\+ □□□
1000

Jede Ziffer darf nur einmal vorkommen. Trage sie so in die Kästchen ein, dass du das Ergebnis 1 000 erreichst.
Wie viele Möglichkeiten findest du? Wie bist du vorgegangen?

(3) Ordne die Ziffern so an, dass du die Ergebniszahl erreichst.

1 2 3 5 7 9	1 2 4 5 8 9	1 2 3 5 7 8	2 3 4 5 6 8
630	677	800	901

Hat dein Partner dieselben Aufgaben gefunden wie du?

(4) Wie heißen die fehlenden Ziffern? Achte auf den Übertrag.

1 7 □	2 7 □	□ □ □	□ □ □	1 3 9	1 3 9
+ 2 □ 5	+ 1 □ 5	+ 1 7 6	+ 3 6 9	+ □ □ □	+ 4 9 6
+ □ 6 4	+ □ 6 3	+ 4 5 2	+ 4 5 7	+ 5 4 7	+ □ □ □
8 2 8	9 3 6	1 0 2 6	9 5 4	9 5 4	1 1 5 2

(5) 1 3 2

a) Mit diesen 3 Ziffern kannst du 6 verschiedene dreistellige Zahlen bilden. Addiere diese 6 Zahlen.

b) Bilde solche Aufgaben auch mit: 1 2 4   1 3 4   1 3 5

c) Vergleiche die Ergebnisse.

Auf den Hunderter kommt es an!

Spielanleitung

Spielt zu zweit oder zu dritt. Ihr braucht Ziffernkarten von 1 bis 9.
Jeder zieht 3 Karten. Bildet daraus zwei dreistellige Zahlen. Berechnet den Unterschied. Die Hunderterstelle der Ergebniszahl darfst du dir als Punkte gutschreiben.
Wer als Erster über 50 Punkte hat, gewinnt!

(6) Probiere: Mit welchen 3 Karten kannst du besonders erfolgreich spielen?

(7) a) Welche Zahl erhältst du?

Subtrahiere 423 von 999.
Subtrahiere anschließend vom Ergebnis die Spiegelzahl 324.

Welche Zahl erhältst du?

Addiere 423 und ihre Spiegelzahl.
Subtrahiere anschließend das Ergebnis von 999.

b) Subtrahiere auch diese Zahlen und ihre Spiegelzahlen von 999:

6 1 2   5 3 2   3 1 2   1 3 2

(8) Bilde mit diesen Ziffern 1 2 3 4 5 6 Minusaufgaben mit 2 dreistelligen Zahlen.

a) Versuche die Aufgaben mit dem größten Unterschied zu finden.
Schreibe auf, was du dir überlegt hast.

b) Wie viele Aufgaben findest du, deren Unterschied kleiner als 100 ist?

c) Findest du die Aufgabe mit dem Unterschied 316?

(9) Wie heißen die fehlenden Zahlen?

(10) Im Kopf oder schriftlich?
Erfinde 10 Minusaufgaben, die du noch im Kopf rechnen kannst, und 10 Minusaufgaben, die du auf jeden Fall schriftlich rechnest.

Schreibe sie durcheinander auf und gib sie deinem Partner. Welche Aufgaben rechnet er im Kopf?

Multiplikation mit großen Zahlen

Formel Neun

Ihr braucht 1 Würfel (0–9) und pro Spieler 9 Spielmarken, Papier und Stift. Würfelt abwechselnd und multipliziert die Augenzahl mit einer Zahl auf den Schnecken.
Du darfst jede Schnecke nur einmal besetzen. Würfelst du eine 0 (Joker), darfst du eine Zahl zwischen 10 und 15 einsetzen, z. B. 15 · 17.
Notiert eure Ergebnisse.

Gewinner ist, wer nach 9 Runden das höchste Gesamtergebnis erzielt.

(1) Malnehmen mit Zahlen, die größer sind als 10

a) Hast du auch Zahlen über 10 für den Joker gewählt? Wie hast du gerechnet?

b) Welche Rechnung stammt wohl von Paula, welche von Olgun und welche von Irina?

(2) a) Malnehmen mit Nachbarzahlen
Wähle den Rechenweg, der dir am besten gefällt.

10 · 11	11 · 12	12 · 13	13 · 14	14 · 15
15 · 16	16 · 17	17 · 18	18 · 19	19 · 20

b) Berechne den Unterschied zwischen zwei aufeinander folgenden Ergebniszahlen. Wenn du richtig gerechnet hast, hat dein Ergebnis etwas mit den malgenommenen Zahlen zu tun. Finde es heraus.

Felix' „Mal-X“

(1) Wie viele Möglichkeiten mit den Zahlen von 1 bis 6 findest du?

(2) Überlege und probiere: Wie musst du die Zahlen in das X einsetzen?

5, 7	9	8		
3, 6, 10	2, 6, 4, 3	9, 3, 6, 2	7, 3, 4, 6, 8	5, 4, 6, 8, 10

Findest du noch andere Möglichkeiten mit den Zahlen von 1 bis 10?

(3) a) **Nicht über 1000!**

Jeder Spieler würfelt mehrmals hintereinander. die beiden ersten Würfe werden miteinander multipliziert. Dann wird das Produkt mit der nächsten gewürfelten Augenzahl multipliziert usw. Schreibt euch Zwischenergebnisse auf.
Vorsicht: Wer über 1 000 kommt, hat in der Runde verloren.

Wer gewinnt die meisten Runden?

3 —·5→ 15 —·5→ 75 —·3→ 225 → ?

Würdest du noch einmal würfeln?

b) Überlegt und probiert aus: Mit welchen Würfelaugen kann man genau 1 000 erreichen? Findet ihr mehrere Möglichkeiten?

(4) Welche Zahl wurde gewürfelt?

72 · ☐ = 360
180 · ☐ = 540
144 · ☐ = 720

144 · ☐ = 576
240 · ☐ = 960
256 · ☐ = 768

75 · ☐ = 450
216 · ☐ = 1 080
192 · ☐ = 960

(5)

10 · 21	11 · 22	12 · 23	13 · 24	14 · 25
11 · 20	12 · 21	13 · 22	14 · 23	15 · 24

a) Wie rechnest du diese Aufgaben aus?

b) Setze die Aufgabenpaare so weit fort, wie du möchtest.

Möglichst schnell zur Primzahl!

Startzahlen

Spielanleitung

Wählt eine der Startzahlen. Würfelt abwechselnd. Wenn du die Startzahl ohne Rest durch die gewürfelte Zahl teilen kannst, notiere das Ergebnis. Bei der nächsten Runde muss diese Ergebniszahl geteilt werden. Bleibt ein Rest, musst du bis zur nächsten Runde warten. Wer als Erster eine Primzahl erreicht, erhält einen Punkt.

1. Überlegt und probiert aus:
   Welche Startzahlen aus dem Spiel kann man durch alle Zahlen von 1 bis 6 teilen?

2. 

   a) Vergleicht die Rechenwege. Wie rechnest du diese Aufgabe?

   b) Wie kann man die folgenden Aufgaben zerlegen?

   90 : 5 246 : 3 830 : 5 396 : 4 623 : 7 513 : 9

3. a) Bilde Kettenaufgaben. Teile die Startzahl nacheinander durch die Teiler. Erhältst du immer die gleiche Zielzahl, wenn du die Reihenfolge der Teiler veränderst?

Start	Teiler	Ziel
576	6, 8, 3	4
280	4, 7, 2	5
432	9, 2, 3	8

Start	Teiler	Ziel
384	6, 4, 2	8
945	9, 5, 3	7
840	7, 6, 5	4

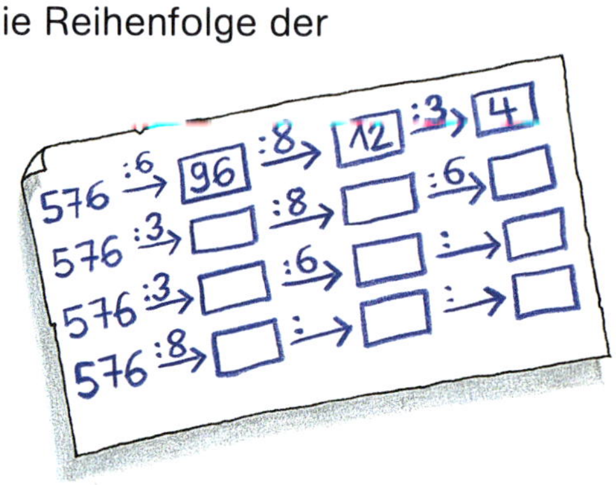

   b) Erfinde selbst solche Kettenaufgaben.
   Wie kannst du schnell solche Aufgaben bilden?

Eine Aufgabe – zwei Ergebnisse?

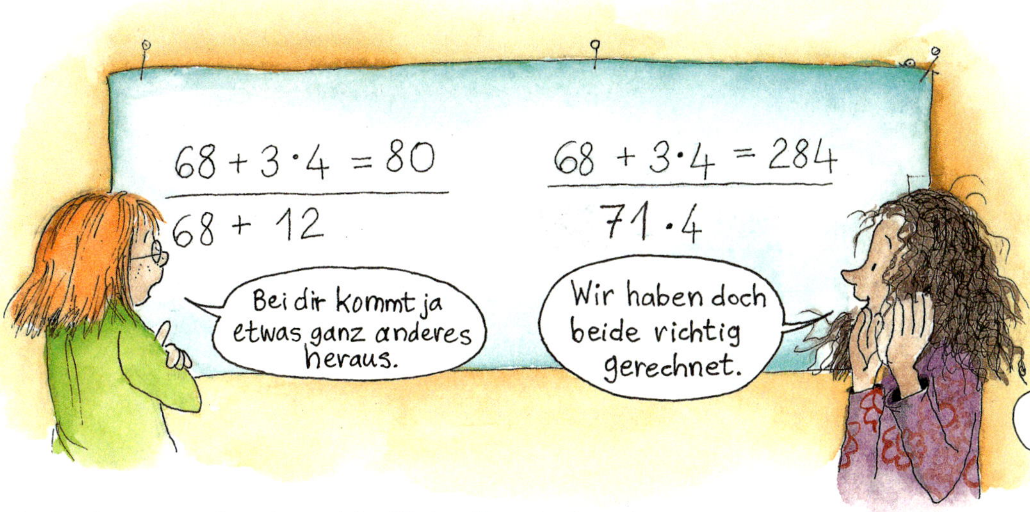

Eine Aufgabe – zwei unterschiedliche Ergebnisse!
Darf das sein? Was meinst du?
Wie hat Paula und wie hat Rosa gerechnet?

1 Damit unterschiedliche Ergebnisse vermieden werden, gibt es eine Regel: Man muss zuerst die Mal- oder Geteiltaufgabe rechnen, dann die Plus- oder Minusaufgabe.

Wie musst du hier rechnen?

3 · 5 + 27	9 · 25 + 25	128 – 4 · 17	75 : 5 – 5	17 + 28 : 4
48 + 4 · 6	25 + 25 · 9	4 · 37 – 1	180 – 150 : 3	17 – 28 : 4

Wenn die Regel „Punktrechnung vor Strichrechnung“ nicht gelten soll, setzt man Klammern. Die Klammern werden zuerst ausgerechnet.

(45 + 35) : 5 = 16

2 a) Welche Rechnungen passen zu diesen beiden Texten?

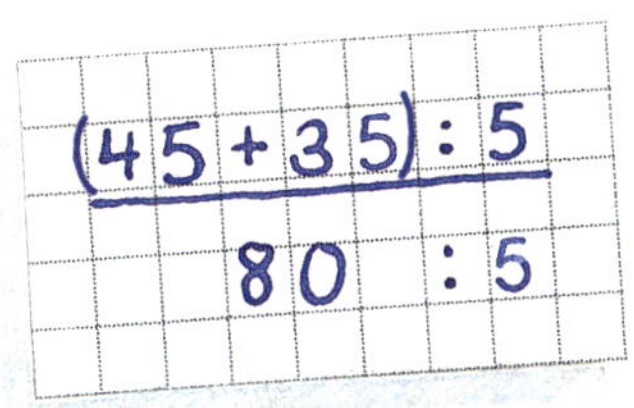

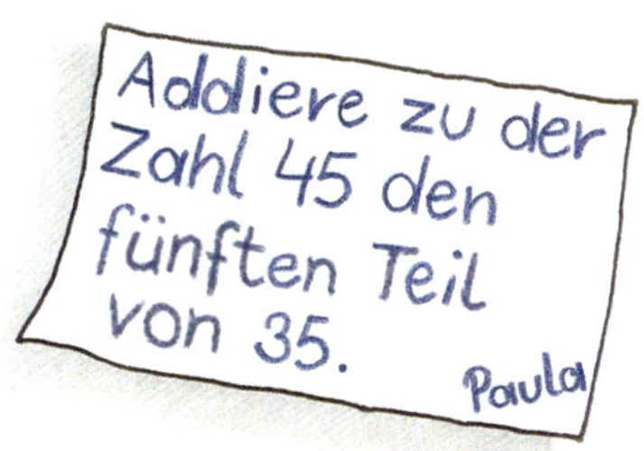

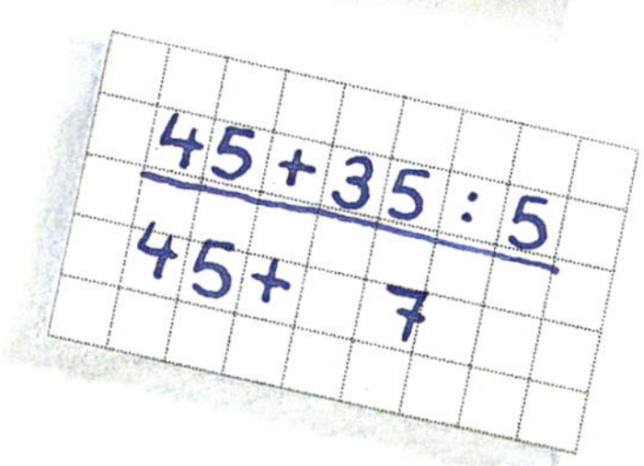

b) Schreibe Texte zu diesen Aufgaben:

4 + 8 · 2	36 : 9 – 3	5 · 6 + 6
(4 + 8) · 2	36 : (9 – 3)	5 · (6 + 6)

c) Erfinde weitere Aufgabenpaare und rechne sie aus. Dein Partner kontrolliert.

3 a) Klammern verändern die Aufgabe.

3 + 8 · 6 + 4
(3 + 8) · 6 + 4
(3 + 8) · (6 + 4)
3 + 8 · (6 + 4)

b) Setze die Klammern richtig ein.

5 + 7 · 9 – 2 = 106
5 + 7 · 9 – 2 = 84
5 + 7 · 9 – 2 = 66
5 + 7 · 9 – 2 = 54

c) Denke dir Aufgaben mit Klammern zum Ergebnis 24 aus.

Alles nur Zufall?

Olgun und Paula wollen dem Zufall beim Würfeln auf die Spur kommen. Beim Würfeln mit einem und mit zwei Würfeln machen sie interessante Beobachtungen.

(1) Hast du eine Vermutung, weshalb Olgun so oft die 7 würfelt?

(2) a) Würfelt hundertmal mit einem Würfel. Notiert, wie oft ihr welche Zahl erzielt.

b) Würfelt hundertmal mit zwei Würfeln. Addiert die Zahlen und notiert, welche Ergebnisse wie oft vorkommen. Finde heraus:
– Welche Ergebnisse kommen selten vor?
– Welche Ergebnisse kommen häufig vor?

2. / 1.	1	2	3	4	5	6
1	2	3	4	5	6	7
2	3	4	5	6	7	8
3	4	5	6	7	8	9
4	5	6	7	8	9	10
5	6	7	8	9	10	11
6	7	8	9	10	11	12

(3) Olgun und Paula haben überlegt, welche Ergebnisse bei 2 Würfeln überhaupt vorkommen können.
Sie haben diese Tabelle angefertigt.
Schreibt auf, wie oft die Ergebnisse von 2–12 bei allen möglichen Würfen vorkommen können.
– Wie viele Würfelkombinationen führen zum Ergebnis 7?
– Wie viele zum Ergebnis 10?

(4) Welche Ergebnisse habt ihr tatsächlich mit 2 Würfeln besonders oft erzielt?
Vergleicht eure Ergebnisse mit der Tabelle.

(5) Für Würfelexperten

Den Zufall austricksen

Es wird reihum gewürfelt. Für jedes Ergebnis in deinem Zahlenbereich bekommst du einen Punkt.

Ergebnis 2 – 5	Ergebnis 6 – 8	Ergebnis 9 – 12

Für welchen Zahlbereich entscheidest du dich, wenn du gewinnen willst? Begründe deine Entscheidung. Tipp: Schau noch einmal auf Paulas und Olguns Tabelle.

(6) Wenn man viele Würfelergebnisse addiert, kann man das Gesamtergebnis auch annähernd vorhersagen. Schätzt die Summe der Würfelergebnisse mit einem Würfel

a) bei 20 Würfen, b) bei 60 Würfen.

Überprüft durch Würfeln, ob eure Schätzung gut war. Erklärt euer Ergebnis.

(7) Felix wirft eine Münze.

Hat Felix Recht? Begründe.

(8) Du wirfst eine Euro-Münze zwanzigmal. Kannst du ungefähr vorhersagen, wie oft die Zahl und wie oft die Rückseite erscheinen wird? Überlege zuerst und überprüfe dann.

(9) Nun wirfst du 2 Münzen zwanzigmal. Überlege wieder:

- Wie oft könnte bei beiden Münzen gleichzeitig die Zahl oben liegen?
- Wie oft bei beiden Münzen jeweils die Rückseite?
- Wie oft könnte jeweils einmal die Zahl und einmal die Rückseite oben liegen?

Überlege zuerst und begründe deine Vermutung. Vielleicht hilft dir die Tabelle. Überprüfe dann.

(10) Nach welcher Regel würdest du hier spielen?
- Du bekommst einen Punkt, wenn bei beiden Münzen die Zahl oben liegt.
- Du bekommst einen Punkt, wenn bei beiden Münzen die Rückseite oben liegt.
- Du bekommst einen Punkt, wenn bei den Münzen jeweils einmal die Vorderseite und einmal die Rückseite oben liegen.

Zahlenforscher

1) Erinnerst du dich noch an die ägyptischen Zahlzeichen?
Weißt du, für welche Zahlen sie stehen?

2) a) Setze die Liste fort.

b) Auch bei unseren Zahlen gilt:
10 Einer sind 1 Zehner,
10 Zehner sind 1 Hunderter,
…………………………
Wie geht es weiter?

3) Überlege: 1  ist so viel wert wie 10 .
Wie viele  oder sind dann so viel wert wie 1  ?

Überlege auch: 

4) Vergleiche die ägyptischen Zeichen mit unserer Stellentafel.

Millionen M	Hunderttausender HT	Zehntausender ZT	Tausender T	Hunderter H	Zehner Z	Einer E
		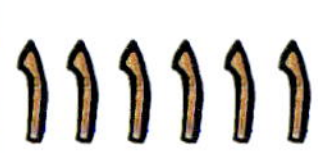				
1	4	6	2	5	3	6

5) Wie schreibt man mit unseren Zahlen …

a)  b) 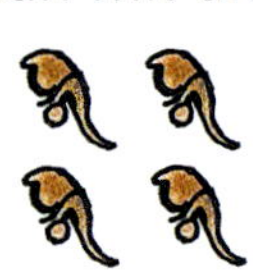 c)  d) 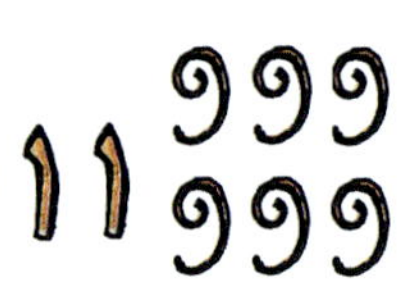 e)  ?

⑥ Geheimzahlen austauschen

Partner 1:
Zahlenbotschaften ausdenken, verschlüsseln und abknicken;

Partner 2:
entschlüsseln;

beide:
vergleichen.

⑦

M	HT	ZT	T	H	Z	E
	6	1	5	4	8	2
			6	0	0	3
1	2	3	2	4	8	1

Lest euch die Zahlen vor. Schreibt sie ohne Stellenwerttafel auf.

⑧ Welche Zahlen kannst du bilden?

1000000 9000 400

60 200000 80000 7

Finde möglichst viele Zahlen. 9407
Lest euch die Zahlen gegenseitig vor.

⑨ Zahlendiktat: Schreibt die Zahlen mit Stellentafel oder ohne.

einhunderttausend-einhunderteins

einunddreißigtausend-fünfzig

einhunderteinstausend-zehn

elftausend-einhundertelf

zwei Millionen zweitausend-zwei

eine Million einhunderttausend-zehn

zweiundzwanzigtausend-einundzwanzig

Diktiert euch weitere Zahlen, schreibt sie beide gleichzeitig auf und vergleicht.

⑩ Fridolins Zahlendrehbuch

a) Welche Stelle müsstest du wie oft umklappen und wie heißt die neue Zahl?

1 462 536	+ 300 →	
53 417	+ 2000 →	
837 012	+ 500 →	

b) Denke dir selbst Aufgaben zum Zahlendrehbuch aus.

Große Zahlen darstellen

Auf Millimeterpapier lassen sich auch große Zahlen darstellen. Warum wohl?

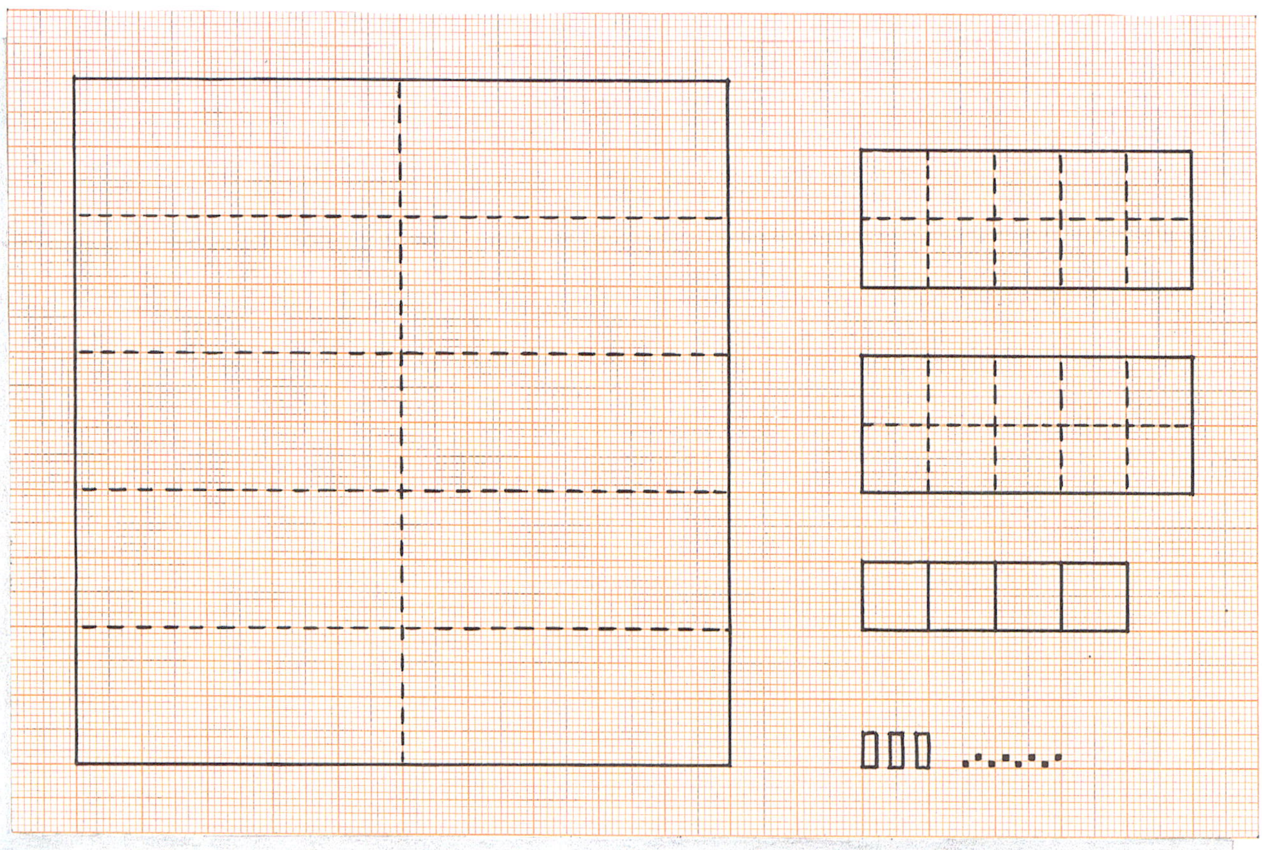

Welche Zahl ist hier dargestellt? Wie hast du sie herausgefunden?

1. Stellt selbst große Zahlen auf Millimeterpapier dar.

2. a) Schneidet euch Zehntausender-Quadrate aus und legt sie zu einem Hunderttausender-Rechteck zusammen.

   b) Wie viele Zehntausender-Quadrate bräuchtet ihr für eine Million? Entscheidet in der Klasse, ob ihr eine Million Millimeter-Quadrate aufkleben wollt.

3. Wie viele Millimeter-Quadrate sind auf einer ganzen DIN-A4-Seite? Schätzt zuerst und zählt sie dann geschickt.

4 Paulas Zahlenrätsel: Wie heißen diese Zahlen?

a)

b)

c)

3ZT 7T 1H 5E = ____
1HT 4ZT 5H 6Z = ____
4ZT 6T 9Z 9E = ____
1M 2HT 5ZT 4H = ____
9ZT 8H 8Z = ____
PAULA

5 Überlegt, wie ihr ein Memory mit Paulas Zahlen herstellen könnt.

6 Olguns „Tausender-Aufgaben“

a) Rechne sie aus.

b) Rechne eigene Aufgaben wie Olgun.

6T + 7T = ____
28T + 19T = ____
150T + 36T = ____
53T + 47T = ____

36T + ____ = 50T
45T + ____ = 100T
189T + ____ = 200T
377T + ____ = 500T

78T − 19T = ____
135T − 22T = ____
66T − 39T = ____
490T − 6T = ____
OLGUN

7

14000 + 5000 = ____
9000 + 8000 = ____
25000 + 26000 = ____
78000 + 99000 = ____
81000 + 19000 = ____

35000 − 12000 = ____
6000 − 5000 = ____
55000 − 35000 = ____
72000 − 68000 = ____
40000 − 19000 = ____
Rosa

a) Rechne auch Rosas „Tausender-Aufgaben“.
b) Rechne eigene Aufgaben wie Rosa.

8 Irinas Zahlenhäuser

100 000	
48000	
93 000	
66000	

1 000000	
240 000	
248000	
750000	

500 000	
405 000	
198000	
79000	

Ergänze die fehlenden Zahlen und finde weitere Zerlegungen.
Denkt euch noch andere Zahlenhäuser aus.

Rechnen nach Adam Riese

Adam Riese war ein Rechenmeister. Er rechnete für Leute, die dies nicht selbst tun konnten. Dazu benutzte er einen Rechentisch oder ein Rechentuch mit Linien. Auf und zwischen die Linien legte er „Rechenpfennige".

Sie bestanden aus Holz, Glas, Metall oder Elfenbein. Mithilfe der Linien und der Rechenpfennige konnte er alle Zahlen legen.

Was die Rechenpfennige auf den Linien bedeuten, erklärt Adam Riese in diesem alten Text.

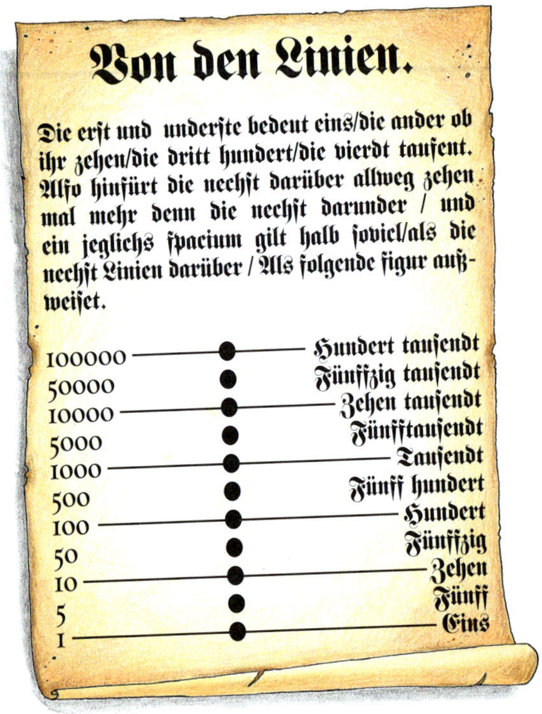
Von den Linien.

Die erſt und underſte bedeut eins/die ander ob ihr zehen/die dritt hundert/die vierdt tauſent. Alſo hinfürt die nechſt darüber allweg zehen mal mehr denn die nechſt darunder / und ein jeglichs ſpacium gilt halb ſoviel/als die nechſt Linien darüber / Als folgende figur außweiſet.

100000	Hundert tauſendt
50000	Fünffzig tauſendt
10000	Zehen tauſendt
5000	Fünfftauſendt
1000	Tauſendt
500	Fünff hundert
100	Hundert
50	Fünffzig
10	Zehen
5	Fünff
1	Eins

1 Olgun hat sich ein Rechentuch aufgemalt.
Welche Zahl hat er gelegt?

Wer möchte versuchen, den Text verständlich in heutiger Sprache zu schreiben? Wählt die beste Lösung aus.

2 Malt ein „Rechentuch"
Besorgt euch „Rechenpfennige"
und legt Zahlen wie die alten Rechenmeister.

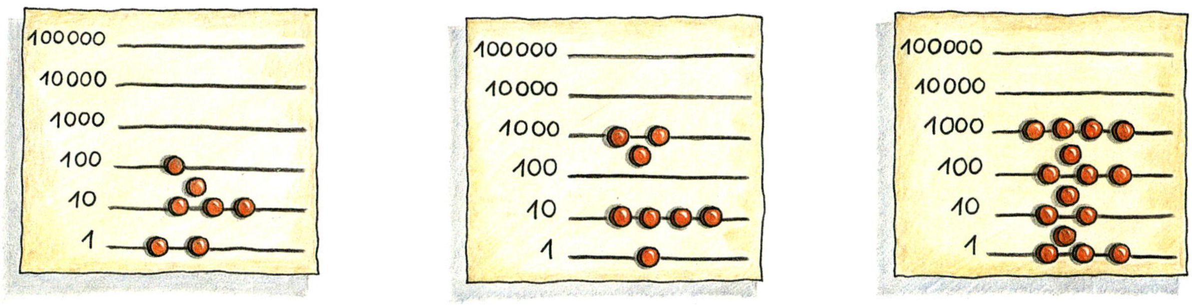

(3) Welche Zahlen wurden hier gelegt?

a) Schreibe auf, was du rechnen musst.

b) Rechne.

10 000 + 500 + 300 + 10 + 5 + 4 =
30 000 + 5 000 + 2 000 + 500 + 100 + 40 =
200 000 + 50 000 + 5 000 + 2 000 + 400 + 10 + 5 + 3 =
100 000 + 50 000 + 1 000 + 300 + 50 + 20 + 5 + 3 =
50 000 + 40 000 + 5 000 + 1 000 + 300 + 50 + 1 =

c) Lege mit Rechenpfennigen eine Zahl. Zeichne die Zahl auf und schreibe, wie du rechnest. Lege viele Zahlen, zeichne und rechne.

d) Zerlege folgende Zahlen so, wie sie auf einem Rechentuch liegen würden:

99 299	12 345	204 402	654 321	13 531	448 877

(4) Auf dem Rechentuch wurden auch Zahlen addiert.
Das ging so: Zuerst legte man die beiden Zahlen. Dann wurden die Rechenpfennige zusammengeschoben und schrittweise getauscht.

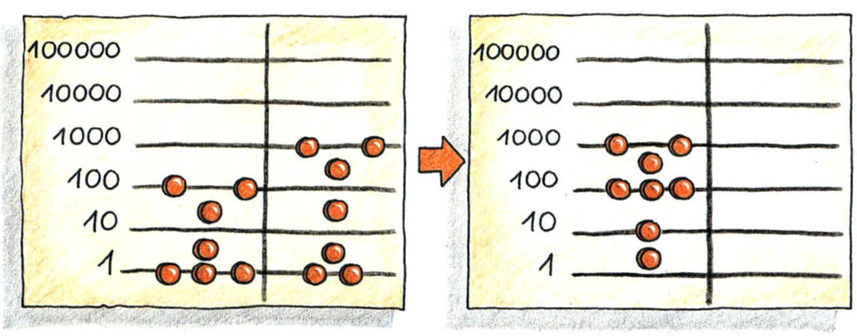

Versucht es selbst:
Jeder legt eine Zahl. Einer rechnet dann die Summe beider Zahlen auf dem Rechentuch aus, der andere addiert die beiden Zahlen schriftlich.
Vergleicht eure Ergebnisse.

(5) Lege und addiere die folgenden Zahlen.
Überprüfe dein Ergebnis durch eine schriftliche Rechnung.

a)	10 217	3 405	c)	55 100	399	e)	180 579	6 168
b)	100 390	3 093	d)	3 825	116	f)	98	17 489

Ein langes Zahlenband

1 Kannst du dir ein Zahlenband vorstellen, auf dem alle Zahlen bis zu einer Million in Abständen von einem Millimeter markiert sind? Wie lang wäre es?
Hier siehst du verschiedene Abschnitte eines solchen Zahlenbandes.
Wie groß ist jeweils der Abstand zwischen den angegebenen Zahlen?

a)

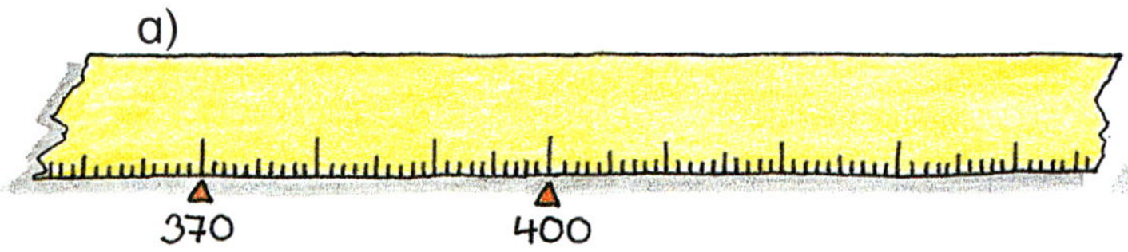

b)

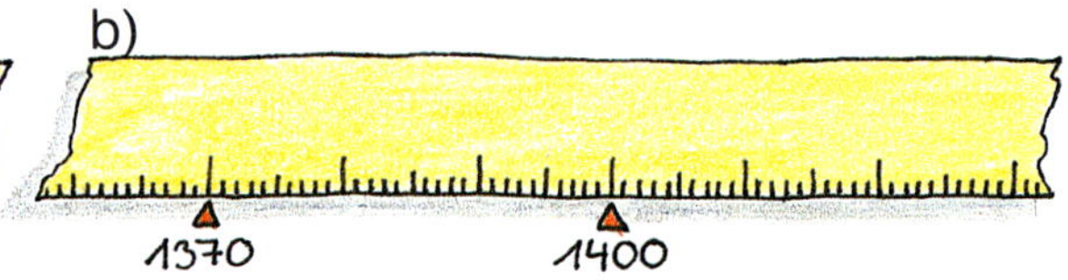

c)

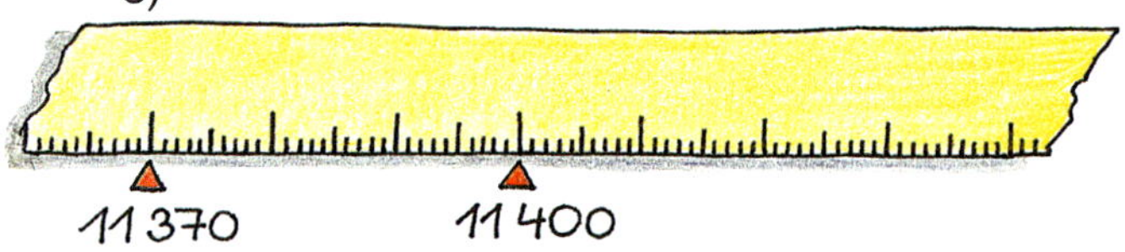

d)

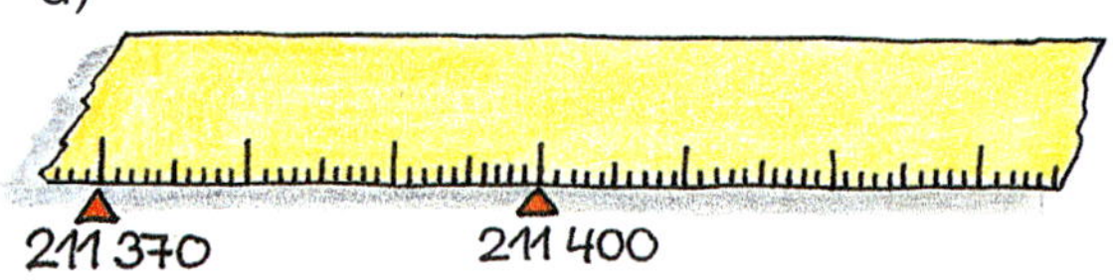

2 Wie groß ist der Abstand zwischen …

a) 370 und 1 370?
b) 1 370 und 11 370?
c) 1 370 und 101 370?
d) eins und einer Million?

3 Wie heißen die nächsten 8 Zahlen? Schreibe sie als Zahlenfolge auf.

a) 6 450, 6 451, …
b) 21 204, 21 205, …
c) 39 997, 39 998, …
d) 307 618, 307 619, …
e) 888 888, 888 889, …
f) 300 047, 300 048, …
g) 7 805, 7 804, …
h) 300 003, 300 002, …
i) 14 106, 14 105, …

4 Sprünge am Zahlenband. Setze die Zahlenfolgen fort.

a) 4 125, 4 150, 4 175, …
b) 17 820, 17 860, 17 900, …
c) 188 010, 188 008, 188 006, …
d) 5 250, 5 500, 5 750, …
e) 12 500, 13 000, 13 500, …
f) 550 000, 530 000, 510 000, …

5 Finde selbst Zahlenfolgen.

6 Schreibe die Vorgänger und Nachfolger auf.

	7 777			375 000			84 199	
	22 000			91 901			999 999	

Irina, Paula und Rosa wollen die Lage von Zahlen auf dem Zahlenstrahl untersuchen. Dazu zeichnen sie verschiedene Zahlenstrahlabschnitte auf und tragen ihre Zahlen ein.

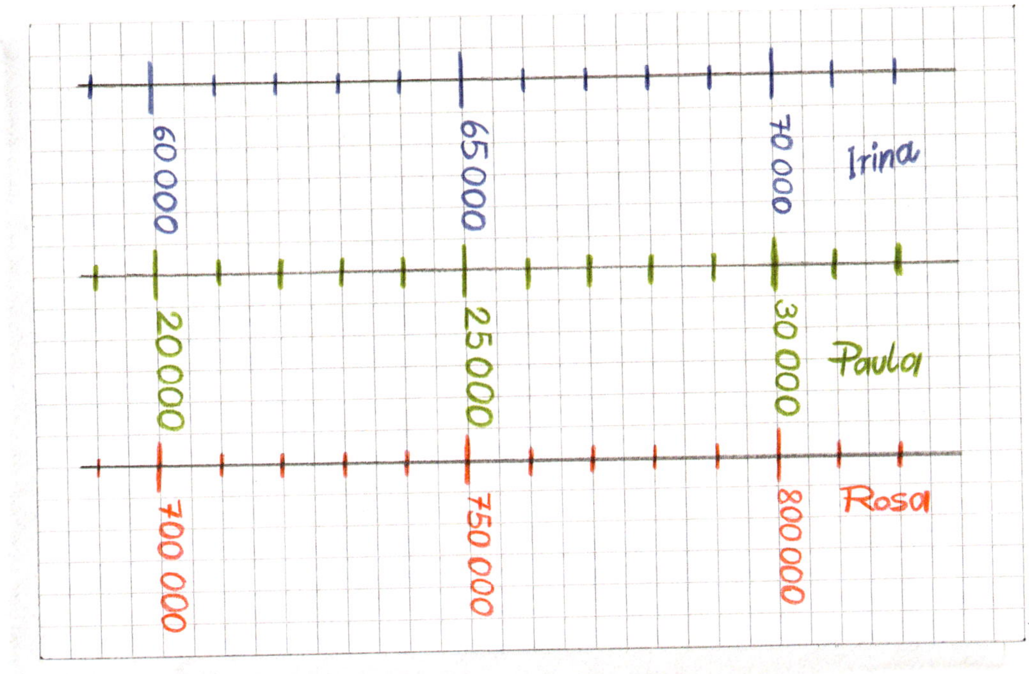

(1) a) Welche Zahlen gehören zu den Markierungen auf den verschiedenen Abschnitten?

b) Zeichne die Zahlenabschnitte in dein Heft und schreibe weitere Zahlen dazu.

(2) Zeichne selbst einen Zahlenstrahl und trage eigene Zahlen ein.

(3) Auf einem Rechenstrich stehen nur die Zahlen, mit denen man rechnen will. Die Länge der Abschnitte zwischen ihnen hat keine Bedeutung. Trage auf einem Rechenstrich eine fünfstellige Zahl ein. Springe nun zu den beiden benachbarten Zehntausenderzahlen oder Hunderttausenderzahlen.
Bilde viele Aufgaben.

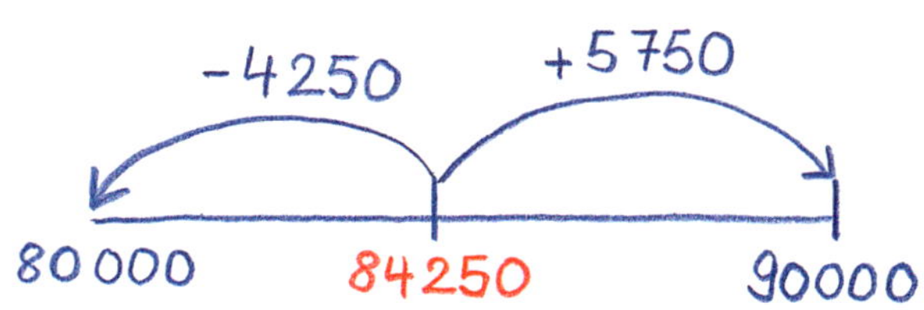

(4) Vergleiche: < oder >?

31 214	○	31 412	6 177	○	6 717	127 340	○	127 040
88 305	○	88 350	4 099	○	4 009	403 122	○	430 122
43 728	○	34 728	1 221	○	2 112	998 100	○	988 900

(5) **Wer hat die höchste Zahl?**

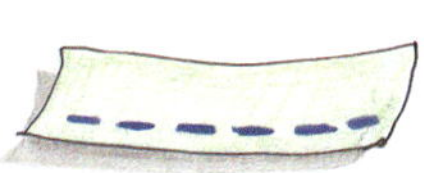

Alle Kinder machen sechs Striche als Platzhalter für eine sechsstellige Zahl auf ein Blatt Papier. Nun wird gewürfelt. Jeder kann frei entscheiden, an welcher Stelle er die gewürfelte Zahl einträgt.

Das können wir schon

1. Denkt euch eigene Aufgaben mit großen Zahlen aus, die man geschickt rechnen kann. Vergleicht eure Aufgaben.

2. Überlege, welche Aufgaben du im Kopf und welche du schriftlich rechnen willst.

a)	b)	c)
4 601 + 79	53 756 + 54	7 280 − 79
12 328 + 998	10 395 + 10 205	25 675 − 4 350
9 628 + 5 753	5 647 + 45 283	39 999 − 1 505
24 260 + 2 115	88 888 + 44 444	106 015 − 885

3. Schreibe die Zahlen richtig untereinander und berechne die Summe.

a)	b)
10 388 + 95 + 450 917	7 528 + 38 + 475 320 + 299
5 656 + 175 244 + 81	67+ 24 203 + 4 899 +105 333
721 + 68 515 + 49	26 187 +12 340 + 54 + 528 000
608 + 2 577 + 12 290	593 + 8 995 + 17 + 170 621

4. So kannst du eine besondere Zahl finden:
   - Wähle 4 Ziffern aus und bilde aus ihnen die größte und die kleinste Zahl. Berechne die Differenz (den Unterschied).
   - Bilde aus den Ziffern der Differenz wieder die größte und die kleinste Zahl.
   - Rechne auf diese Weise weiter, bis du zu einer besonderen Zahl kommst.

   a) Probiere es auch mit 4 anderen Ziffern.

   b) Willst du es auch mit fünfstelligen Zahlen ausprobieren?

5 Erinnert ihr euch noch an Irinas IRI-Zahlen? Dann findet ihr bestimmt heraus, wie Paula, Rosa und Olgun ihre Zahlen und Aufgaben gebildet haben.

6 Erforscht Paulas Aufgaben mit PAPA-Zahlen:

a) Schreibt 15 solcher Aufgaben auf einzelne Kärtchen und rechnet sie aus.

b) Sortiert die Ergebnisse der Größe nach und vergleicht sie. Was fällt euch alles auf?

c) Welche Zahlenpaare gehören zu diesen Ergebnissen? Suchen mehrere Möglichkeiten.

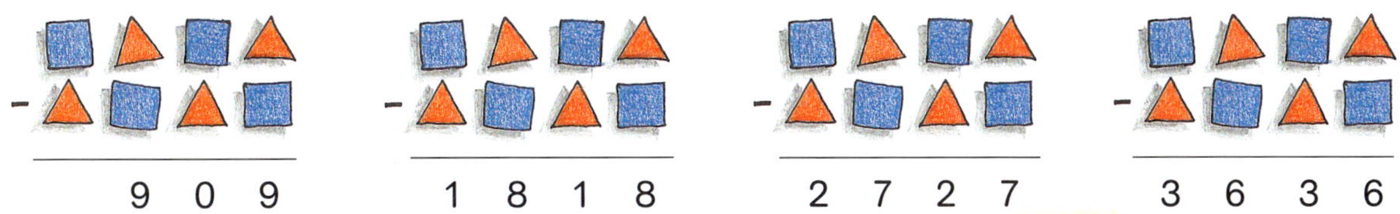

d) Berechnet den Unterschied zwischen zwei benachbarten Ergebnissen.

e) Warum rechnet Paula $5 \cdot 9$?
Tipp: Vergleicht einmal die Ziffern in den einzelnen Zahlen. Untersucht: Kann man auch mit anderen PAPA-Zahlen so wie Paula rechnen?

7 Rechnet Aufgaben mit PIPPI-Zahlen und mit CANAN-Zahlen. Könnt ihr die Fragen beantworten?

Haben die Ergebnisse der PIPPI-Aufgaben auch etwas mit der Neunerreihe zu tun?	Was ist an den Ergebnissen der CANAN-Aufgaben interessant?

8 Denke dir eigene Subtraktionsaufgaben mit besonderen Zahlen aus.

So viele Zuschauer!

Habt ihr euch schon einmal überlegt, wie viele Leute in ein Fußballstadion passen? Wart ihr schon einmal bei einer Veranstaltung, bei der sehr viele Menschen zusammenkamen?

Fußballstadien in Deutschland

Stadion	maximale Zuschauerzahl
Berlin, Olympiastadion	76 065
Bielefeld, Schüco-Arena	26 601
Bremen, Weserstadion	42 800
Dortmund, Westfalenstadion	83 097
Duisburg, MSV-Arena	31 054
Frankfurt, Waldstadion	52 000
Gelsenkirchen, Veltins-Arena	61 524
Hamburg, AOL-Arena	55 000
Hannover, AWD-Arena	48 933
Kaiserslautern, Fritz-Walter-Stadion	46 615

Stadion	maximale Zuschauerzahl
Köln, Rhein-Energie-Stadion	50 997
Leverkusen, Bay-Arena	22 500
Mainz, Stadion am Bruchweg	20 300
Mönchengladbach, Borussiapark	53 466
München, Allianz-Arena	66 000
Nürnberg, Frankenstadion	44 839
Stuttgart, Gottlieb-Daimler-Stadion	54 267
Wolfsburg, Volkswagen-Arena	30 000

1. Vergleicht Felix' und Olguns Zahlen mit den Stadiengrößen der Vereine.
   a) Wie viele Stadien gibt es, in die mehr als 50 000 Zuschauer passen? Schreibe sie der Größe nach auf.
   b) Suche jeweils zwei Stadien, die fast gleich groß sind. (Der Unterschied muss kleiner als 5 000 sein.)
   c) Suche 2 kleine Stadien, in die zusammen etwa so viele Zuschauer passen wie in eines der großen Stadien.
   d) Denke dir selbst Aufgaben zu den Stadien aus.

2. Zum Spiel Dortmund gegen Kaiserslautern kamen 75 800 Zuschauer, Berlin gegen Schalke 04 (Gelsenkirchen) sahen 76 065 Zuschauer und Nürnberg gegen Mönchengladbach 43 019 Zuschauer.

   Vergleicht diese Zahlen mit den Stadiengrößen.
   – Waren Spiele ausverkauft?
   – Wie viele Karten hätte man bei den nicht ausverkauften Spielen noch kaufen können?

(3) Olgun und Felix wollen die Stadiengrößen (Zuschauerzahlen) so darstellen, dass man sie gut vergleichen kann. Sie runden die Zahlen auf volle Tausender und zeichnen ein Diagramm.

a) Für welche Zahlen stehen die unterschiedlichen Männchen?

b) Wie geht es weiter? Stelle noch andere Stadiongrößen in einem Schaubild dar.

(4) In einer Saison waren ungefähr 906 000 Zuschauer bei den Heimspielen von Bayern München. Wie kannst du diese Zahl darstellen?

(5) Manchmal sind die Stadien voll, manchmal etwas leerer.
Wenn man wissen will, ob ein Stadion fast immer voll war, schaut man sich den durchschnittlichen Besuch über eine ganze Saison an. Dazu werden alle Zuschauerzahlen einer Saison addiert und durch die Zahl der Spiele geteilt.

Hier einige Durchschnitts-Besucherzahlen:

Dortmund: 76 753	Gelsenkirchen: 61 364	Stuttgart: 40 578
Kaiserslautern: 34 978	Wolfsburg: 23 836	Mainz: 20 140

Welche Stadien waren fast immer voll?

Olympia

I. Sommerspiele
Jahr: 1896
Ort: Athen/Griechenland
Zeitraum: 5.4.–14.4.1896
Sportler/innen: 311
Länder: 13

II. Sommerspiele
Jahr: 1900
Ort: Paris/Frankreich
Zeitraum: 14.5.–20.10.1900
Sportler/innen: 1 344
Länder: 22

III. Sommerspiele
Jahr: 1904
Ort: St. Louis/USA
Zeitraum: 1.7.–23.11.1904
Sportler/innen: 635
Länder: 12

IV. Sommerspiele
Jahr: 1908
Ort: London/England
Zeitraum: 27.4.–31.10.1908
Sportler/innen: 311
Länder: 23

V. Sommerspiele
Jahr: 1912
Ort: Stockholm/Schweden
Zeitraum: 5.5.–27.7.1912
Sportler/innen: 2 546
Länder: 28

VII. Sommerspiele
Jahr: 1920
Ort: Antwerpen/Belgien
Zeitraum: 20.4.–12.9.1920
Sportler/innen: 2 692
Länder: 29

VIII. Sommerspiele
Jahr: 1924
Ort: Paris/Frankreich
Zeitraum: 3.5.–27.7.1924
Sportler/innen: 3 083
Länder: 44

IX. Sommerspiele
Jahr: 1928
Ort: Amsterdam/Holland
Zeitraum: 27.5.–12.8.1928
Sportler/innen: 3 014
Länder: 46

X. Sommerspiele
Jahr: 1932
Ort: Los Angeles/USA
Zeitraum: 31.7.–7.8.1932
Sportler/innen: 1 408
Länder: 37

XXV. Sommerspiele
Jahr: 1992
Ort: Barcelona/Spanien
Zeitraum: 25.7.–9.8.1992
Sportler/innen: 9 368
Länder: 169

XXVI. Sommerspiele
Jahr: 1996
Ort: Atlanta/USA
Zeitraum: 19.7.–4.8.1996
Sportler/innen: ca. 10 700
Länder: 197

XXVII. Sommerspiele
Jahr: 2000
Ort: Sydney/Australien
Zeitraum: 15.9.–1.10.2000
Sportler/innen: 10 651
Länder: 199

XXVIII. Sommerspiele
Jahr: 2004
Ort: Athen/Griechenland
Zeitraum: 13.8.–29.8.2004
Sportler/innen: 11 099
Länder: 202

a An welchen Olympischen Spielen nahmen die meisten Sportler/innen teil? Punkte

b Wie groß ist der Unterschied in der Anzahl der Sportler/innen zwischen den I. und den XXVII. Sommerspielen? Punkte

c Wie groß war die längste Pause zwischen zwei Olympischen Spielen? Punkte

d Wann und wo waren 100 Länder weniger beteiligt als in Barcelona? Punkte

e Wo waren doppelt so viele Länder beteiligt wie in Moskau? Punkte

f Welche Spiele hatten den größten Zuwachs an Teilnehmer/innen zu verzeichnen? Punkte

g Wo waren genau halb so viele Länder vertreten wie in Amsterdam? Punkte

XXIV. Sommerspiele
Jahr: 1988
Ort: Seoul/Südkorea
Zeitraum: 17.9.–2.10.1088
Sportler/innen: 9 101
Länder: 162

XXIII. Sommerspiele
Jahr: 1984
Ort: Los Angeles/USA
Zeitraum: 28.7.–12.8.1984
Sportler/innen: 6 802
Länder: 140

XXII. Sommerspiele
Jahr: 1980
Ort: Moskau/UdSSR
Zeitraum: 19.7.–3.8.1980
Sportler/innen: 5 353
Länder: 81

XXI. Sommerspiele
Jahr: 1976
Ort: Montreal/Kanada
Zeitraum: 17.7.–1.8.1976
Sportler/innen: 6 085
Länder: 92

-Quiz

Welche Spiele dauerten doppelt so lang wie die von Los Angeles 1932? Punkte

Wie oft fanden die Olympischen Spiele in Deutschland statt? Punkte

Bei welchen Spielen war die Anzahl der Teilnehmer rückläufig? Punkte

Wie viele Tage dauerten die längsten Olympischen Sommerspiele? Punkte

In welchen Jahren sind die Spiele ausgefallen? Weißt du, warum? Die wievielten Spiele waren es? Punkte

Nach wie vielen Jahren finden in Athen erneut Olympische Spiele statt? Punkte

In welchem Land finden die Olympischen Spiele 2008 statt? Punkte

Felix und Olgun haben sich Fragen für ein Olympia-Quiz ausgedacht. Nun überlegen sie, wie viele Punkte sie für die richtigen Antworten geben sollen. Sie wollen 3 Punkte, 2 Punkte oder 1 Punkt vergeben, je nachdem, wie schwer die Antwort zu finden ist.

1. Beantwortet die Fragen und einigt euch, wie viele Punkte ihr für jede Antwort geben wollt.
2. Überlegt euch selbst Fragen, die man mithilfe einer Rechnung beantworten kann.
3. Sammelt eure Fragen und macht ein eigenes Quiz mit einer Punktebewertung.

ATHENS 2004

BEIJING 2008

XX. Sommerspiele
Jahr: 1972
Ort: München/BRD
Zeitraum: 26.8.–11.9.1972
Sportler/innen: 7 147
Länder: 122

XIX. Sommerspiele
Jahr: 1968
Ort: Mexiko City/Mexiko
Zeitraum: 12.10.–27.10.1968
Sportler/innen: 5 531
Länder: 112

XVIII. Sommerspiele
Jahr: 1964
Ort: Tokio/Japan
Zeitraum: 10.10.–24.10.1964
Sportler/innen: 5 140
Länder: 93

XVII. Sommerspiele
Jahr: 1960
Ort: Rom/Italien
Zeitraum: 25.8.–11.9.1960
Sportler/innen: 5 348
Länder: 83

XVI. Sommerspiele
Jahr: 1956
Ort: Melbourne/Australien
Zeitraum: 22.11.–8.12.1956
Sportler/innen: 3 342
Länder: 73

XI. Sommerspiele
Jahr: 1936
Ort: Berlin/Deutschland
Zeitraum: 2.8.–16.8.1936
Sportler/innen: 4 065
Länder: 49

XIV. Sommerspiele
Jahr: 1948
Ort: London/England
Zeitraum: 29.7.–14.8.1948
Sportler/innen: 4 099
Länder: 59

XV. Sommerspiele
Jahr: 1952
Ort: Helsinki/Finnland
Zeitraum: 19.7.–3.8.1952
Sportler/innen: 4 925
Länder: 69

Mathematik in Sachtexten:

Was wisst ihr darüber, wie die Tiere den Winter verbringen? Was erfahrt ihr aus den Texten, die hier abgedruckt sind?

Tiere im Winter

Frost und Eis gefährden das Leben der Tiere. Doch mit zahlreichen Tricks gelingt es ihnen, den Winter zu überstehen.

So sammelt ein Eichhörnchen im Herbst zehntausend Früchte und Samen. Dafür arbeitet es drei Monate lang täglich fünf Stunden und muss alle drei Minuten eine Eichel, eine Buchecker oder einen Tannenzapfen finden und verstecken.

An schönen Wintertagen klettert das Eichhörnchen aus seinem Nest und sucht nach Nahrung. Von den versteckten Früchten findet es aber nur etwa ein Drittel wieder. Die anderen bleiben in der Erde.

1. Was meint ihr zu Paulas und Rosas Fragen?
   a) Überlegt, wie der Verfasser des Textes wohl zu den Zahlenangaben kam.
   b) Die Zahl 10 000 ist wahrscheinlich eine gerundete Zahl. Überprüfe mithilfe der Tabellen, ob die Zahl 10 000 überhaupt stimmen kann.

min	Früchte
3	1
6	
60	

h	Früchte
1	
2	
3	
4	
5	

Tage	Früchte
1	
10	
20	
30	

   c) Wie viele Früchte und Samen findet das Eichhörnchen im Winter überhaupt noch?

2. Kannst du dir vorstellen, wie die Meisen ihren Wintervorrat sammeln? Mache dazu eine Modellrechnung wie beim Eichhörnchen. Verändere die Zahlen, bis du möglichst nahe an 50 000 kommst.

Gute Vorratshalter sind auch die Meisen. Jeder Vogel versteckt etwa 50 000 Samenkörner hinter der Rinde „seiner“ Bäume. Wenn Raureif oder gefrierender Regen die Stämme der Bäume bedecken, kann das für Meisen sehr gefährlich sein. Sie können dann nicht mehr an ihre Nahrung herankommen.

Zugvögel

Über die Hälfte der Vögel, die bei uns wohnen, fliehen vor Kälte und Hunger in den Süden. Da sie sich hauptsächlich von Insekten ernähren, gibt es für sie bei uns im Winter keine Nahrung mehr.
Einige Vogelarten fliegen nur am Tag, andere nur in der Nacht. Keine Vogelart fliegt pausenlos.
Die Vögel machen immer wieder Halt, um sich zu stärken und Kräfte zu sammeln. Bei vielen Zugvögeln dauert die Reise drei Monate.
Stare können bis etwa 35 km am Tag fliegen. Sie fliegen zum Teil bis nach Nordafrika, also etwa 3 000 km weit.
Störche schaffen bis zu 200 km am Tag. Sie fliegen Jahr für Jahr etwa 10 000 km bis nach Südafrika.

(3) Findet ihr mithilfe des Textes auf alle diese Fragen eine Antwort?

- Wie lange dauert die Reise vieler Zugvögel? Antwort aus Text ☐ mit Rechnung ☐
- Wie weit können Störche an einem Tag fliegen? Antwort aus Text ☐ mit Rechnung ☐
- Wie weit kämen die Störche, wenn sie 10 (20, 30) Tage ununterbrochen fliegen würden? Antwort aus Text ☐ mit Rechnung ☐
- Warum brauchen die Störche etwa 3 Monate für ihre Reise, obwohl sie bis zu 200 km am Tag fliegen können? Antwort aus Text ☐ mit Rechnung ☐
- Wie viele Tage sind die Zugvögel unterwegs? Antwort aus Text ☐ mit Rechnung ☐
- Wie weit ist es bis nach Nordafrika? Antwort aus Text ☐ mit Rechnung ☐
- Welche Strecke haben die Störche zurückgelegt, wenn sie wieder bei uns ankommen? Antwort aus Text ☐ mit Rechnung ☐

Welche Fragen kann man schnell aus dem Text beantworten, bei welchen muss man erst rechnen?
Schreibt die Fragen, Antworten und wenn nötig auch Rechnungen in euer Heft.

Winterschläfer

Das Murmeltier ist ein Winterschläfer. Wenn es seinen Winterschlaf hält, atmet es kaum noch. Statt 25–30 Atemzüge pro Minute macht es dann nur noch 12 in einer Stunde. Auch sein Herz schlägt langsamer. Statt 80 Herzschläge pro Minute sind es dann nur noch 4–5. Seine Körpertemperatur sinkt von 30 auf 10 Grad.

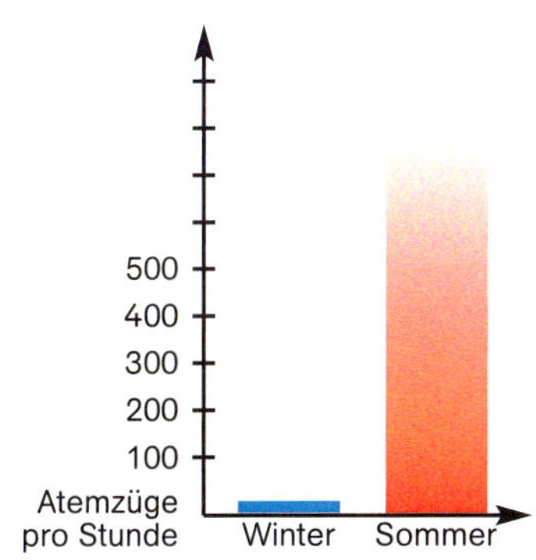

(4) Überlege dir interessante Fragen, die man durch Rechnen beantworten kann.

Senkrecht und parallel

Piet Mondrian: Komposition in Rot und Blau

(1) Versuche das Bild von Piet Mondrian zu beschreiben. Wie wirkt es auf dich?
Mit einem Geodreieck kannst du die Linien exakt nachzeichnen.

a) Senkrecht zueinander verlaufende Geraden

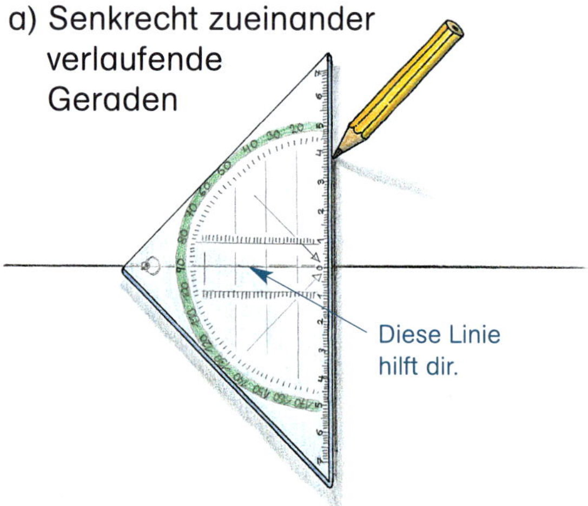

b) Parallel zueinander verlaufende Geraden

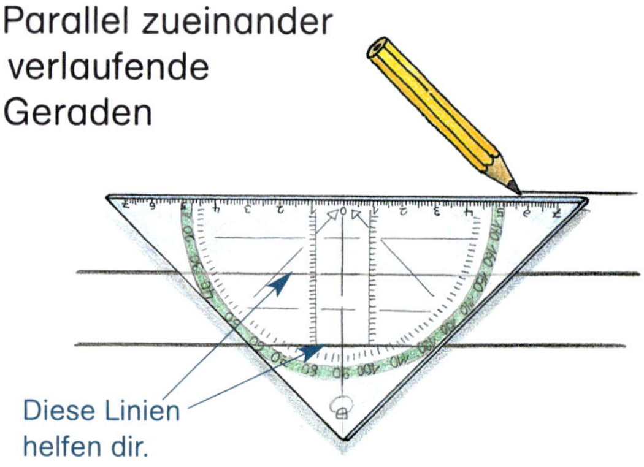

Kannst du anhand der Zeichnungen erklären, wie man mit einem Geodreieck zueinander senkrechte und parallele Geraden zeichnen kann?

(2) Verläuft eine Gerade senkrecht zu einer anderen Geraden, so stehen sie zueinander wie zwei benachbarte Seiten eines Rechtecks. Sie bilden einen rechten Winkel.
Wo findest du am Geodreieck rechte Winkel?

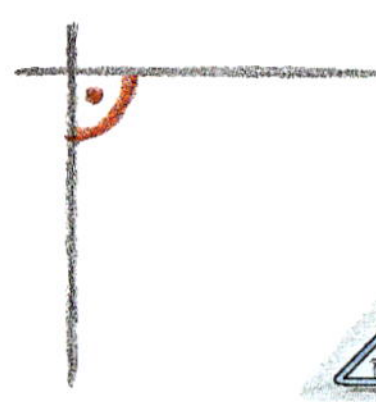

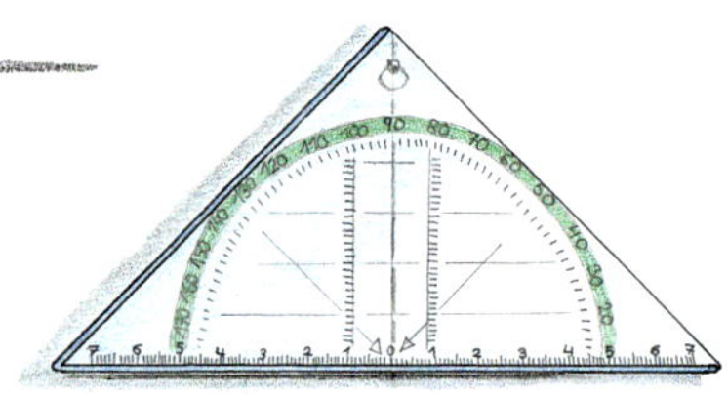

a) Überprüfe mit dem Geodreieck, wo du überall rechte Winkel finden kannst.

b) Kaum zu glauben: In dem Bild von Piet Mondrian gibt es mehr als 40 rechte Winkel. Wie viele sind es genau?

(3) So kannst du selbst ein Bild gestalten:

a) Zeichne eine Gerade.

b) Zeichne weitere Geraden, die senkrecht oder parallel zu der ersten Geraden verlaufen.

c) Zum Schluss kannst du einige Rechtecke farbig ausmalen.

d) Wie viele rechte Winkel hat dein Bild?

(4) a) Zeichne die vorgegebenen Muster nach und setze sie fort.

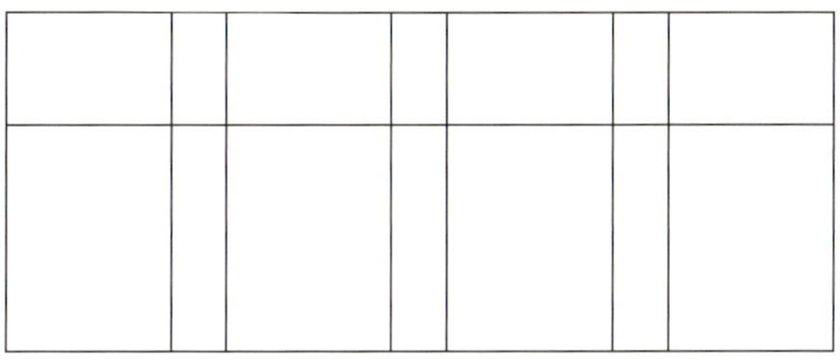

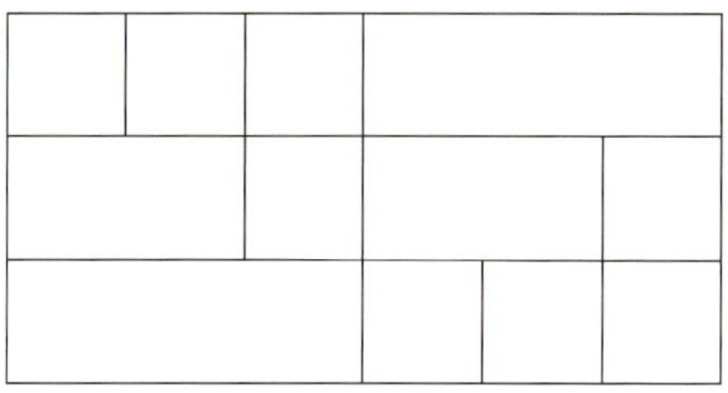

b) Zeichne mehrere Linien, die parallel und senkrecht zueinander verlaufen, z. B.:

(5) Karopapier besteht aus vielen Geraden und Senkrechten.
Erfinde Muster, indem du einige Linien nachziehst.

Konstruktionen mit Zirkel und Lineal

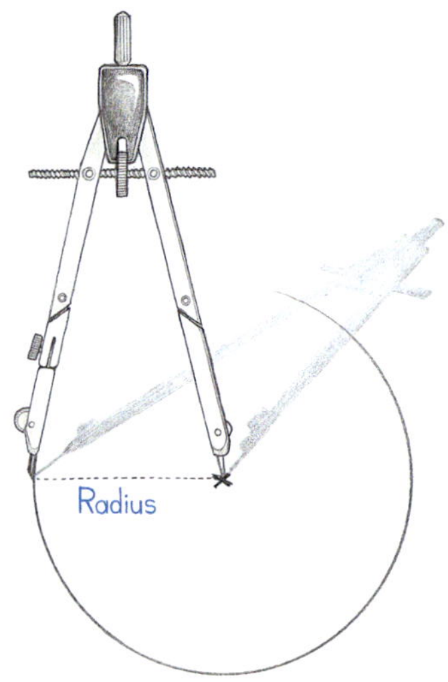

Findest du heraus, wie Paula mit Zirkel und Lineal den Stern konstruiert hat? Folgende Fragen können dir dabei helfen:
- Wie viele Kreise hat Paula gezeichnet?
- Wie viele Kreise sind gleich groß?
- Wo liegen die Mittelpunkte dieser Kreise?
- An welchen Stellen wurde der Zirkel eingestochen, um weitere Kreise zu zeichnen?
- Welche Schnittpunkte hat Paula miteinander verbunden?

(1) Konstruiere selbst einen Stern:

Suche dir einen Punkt in der Mitte des Blattes. Zeichne um ihn einen Kreis mit einem Radius von ungefähr 3 cm.

Wähle nun einen Punkt auf der Kreislinie. Zeichne um diesen Punkt einen Kreis mit dem gleichen Radius.

Zeichne jeweils um die neu entstandenen Schnittpunkte Kreise mit dem gleichen Radius.

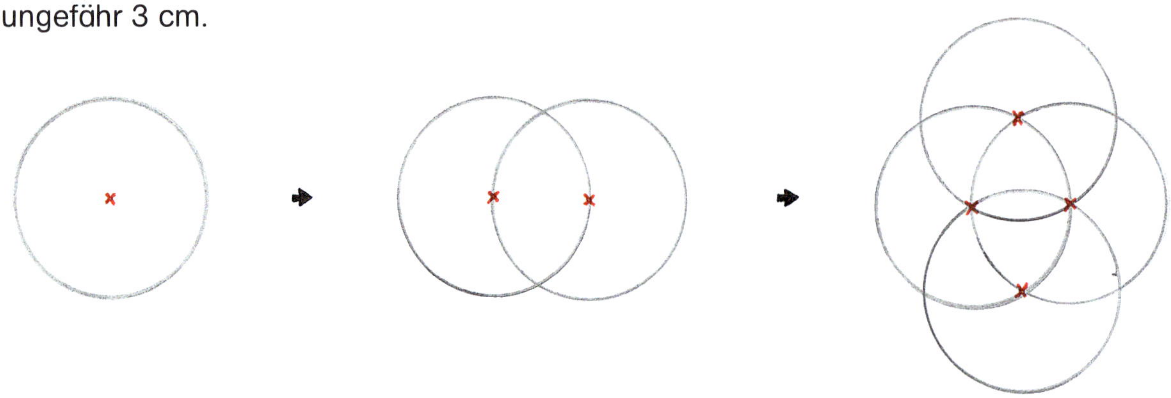

(2) Hier kannst du wie auf der vorigen Seite beginnen. Zeichne um die entstandenen Schnittpunkte wieder Kreise, immer mit dem gleichen Radius. Verbinde die Schnittpunkte einiger Kreise so, dass interessante Figuren entstehen.

Welche regelmäßigen geometrischen Formen erkennst du auf diesem Bild?
Zeichne ebenfalls ein Bild mit verschiedenen Vielecken.

(3) a) Setze die Muster aus Kreisen fort.

b) Verbinde ausgewählte Schnittpunkte so, dass interessante Formen und Muster entstehen.

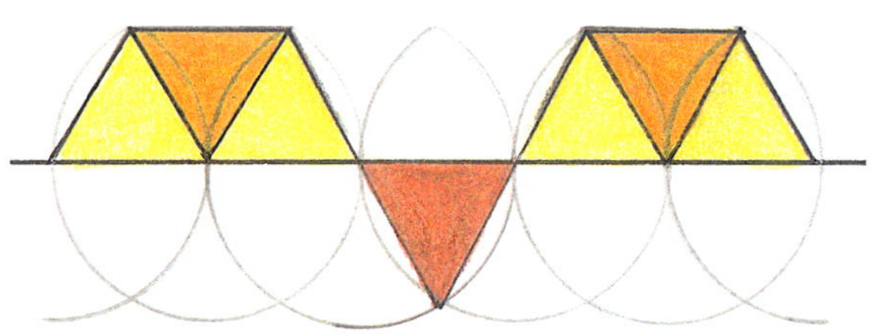

Rechte Winkel

1) a) Versuche herauszufinden, wie Paula vorgegangen ist.
b) Zeichne auch Geraden, markiere darauf Punkte und halbiere die Strecke zwischen ihnen.

2) Erstaunlich!
Wenn man bei einem beliebigen Viereck (A, B, C, D) die Mitten der Seiten miteinander verbindet, entsteht immer ein besonderes Viereck (E, F, G, H).

a) Überprüfe diese Behauptung an mehreren Beispielen.

b) Beschreibe es. Was ist das Besondere an diesen Vierecken?

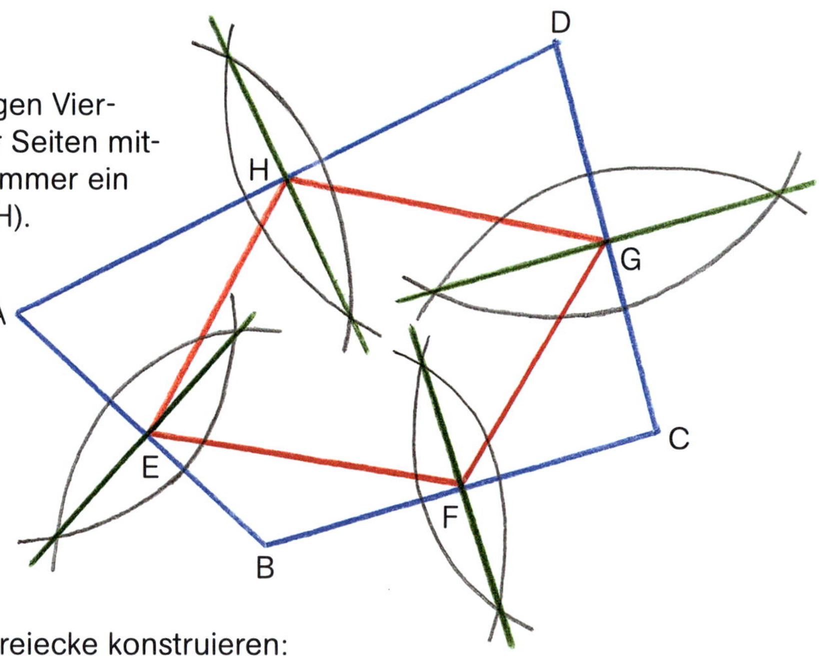

3) So kannst du rechtwinklige Dreiecke konstruieren:

Zeichne eine Gerade. Zeichne um einen Punkt M auf dieser Geraden einen Halbkreis. Verbinde einen beliebigen Punkt C auf der Kreislinie mit den Schnittpunkten.
Du kannst beliebige Punkte auf der Kreislinie wählen. Es entsteht immer ein rechter Winkel. Überprüfe mit dem Geodreieck.

So hat Rosa ein Quadrat konstruiert:

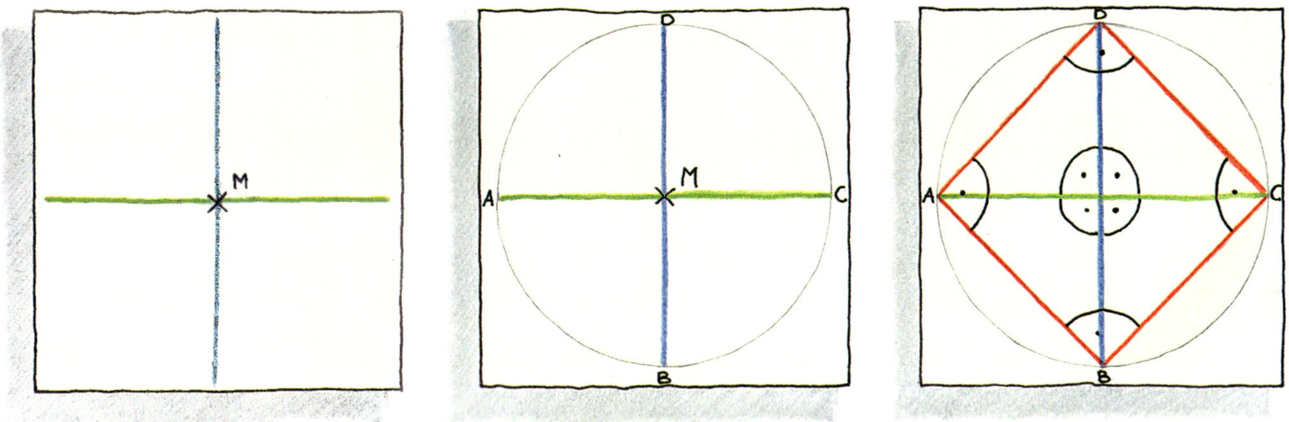

1. Wie ist Rosa vorgegangen? Versuche selbst, Quadrate zu konstruieren.

2. Quadrate und Kreise ineinander geschachtelt

   Den großen Kreis und das große Quadrat kannst du schon zeichnen. Wie geht es weiter? Du musst die Mitte der Quadratseite finden (E_1), und dann?

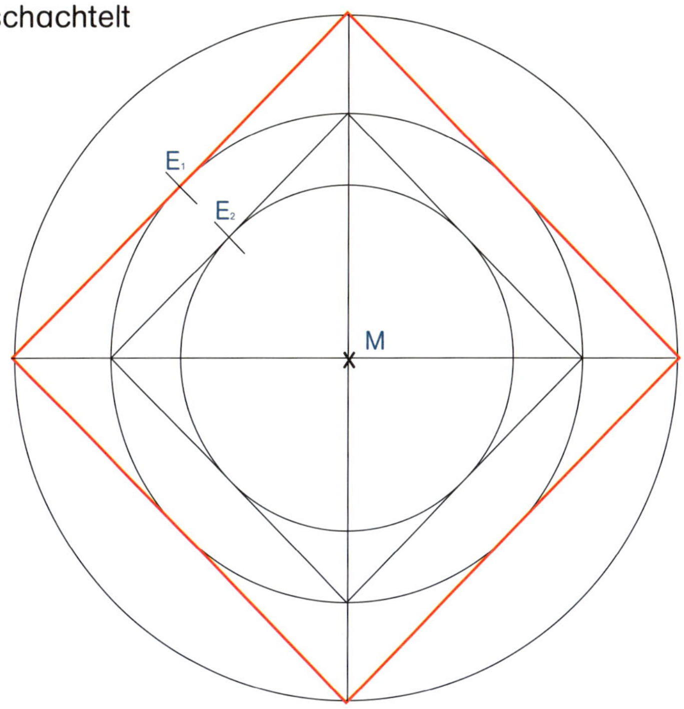

3. Optische Täuschungen

   a) Zeichne zuerst ein sauber konstruiertes Quadrat. Beobachte, was geschieht, wenn du Kreise oder Geraden wie auf den Abbildungen darüber zeichnest.

   b) Was passiert mit dem kleinen Kreis?

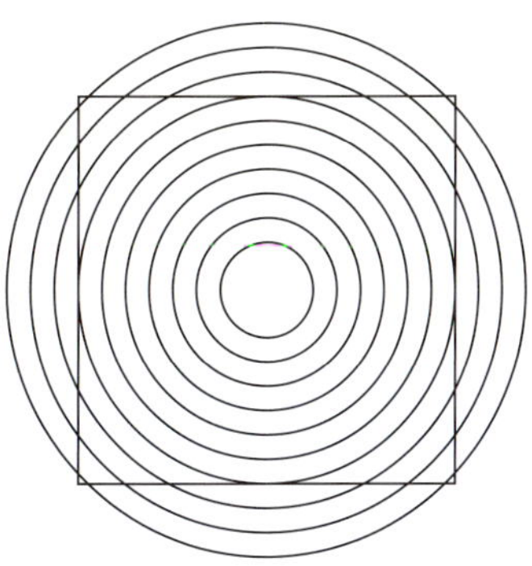

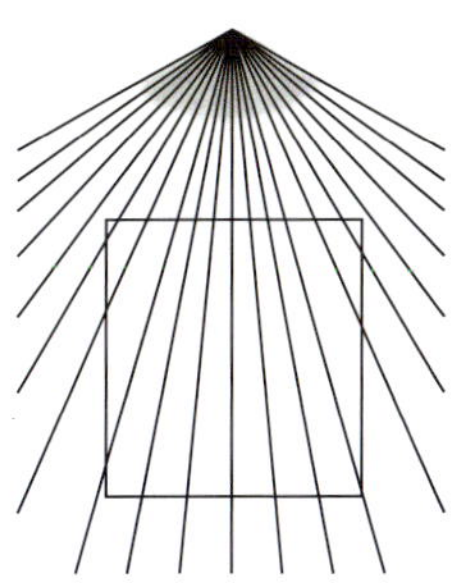

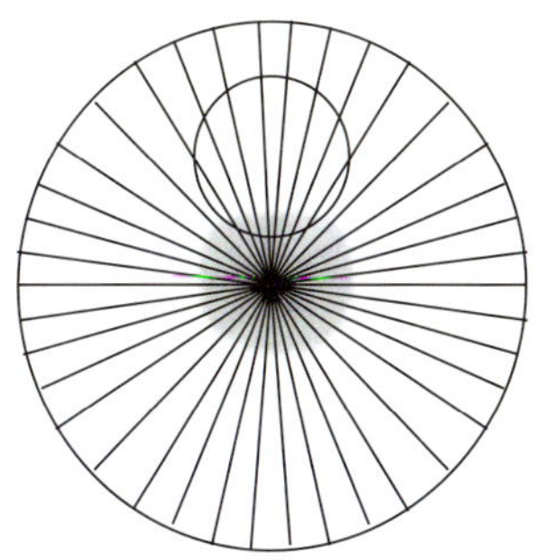

Irina will Millionärin werden

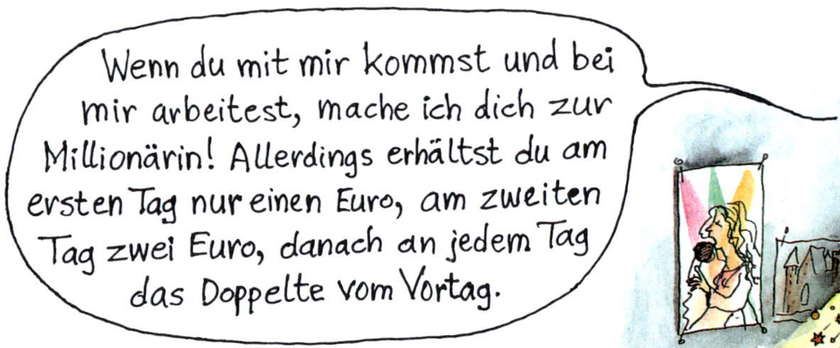

(1) Wie viele Tage müsste Irina wohl bei der Fee arbeiten, bis sie eine Million Euro verdient hat? Was vermutest du?

(2)

Tag	Lohn in Euro	Gesamtsumme in Euro
1.	1	1
2.	2	1 + 2 = 3
3.	4	3 + 4 = 7
4.	8	7 + 8 = 15
5.	16	15 + 16 = 31
6.	32	31 + 32 = 63
7.	64	63 + 64 = 127
8.	128	127 + 128 = 255
9.	256	255 + 256 = 511
10.	....	....
11.	....	....
12.	....	....

Kannst du weiterrechnen, bis du eine Million erreichst?

(3) Die Matheprofis verdoppeln auf verschiedene Weise:

Schau dir die Lösungswege an und vergleiche sie.

(4) Wie verdoppelst du? Schreibe deinen Rechenweg auf.

a) 4 096 · 2 b) 32 768 · 2 c) 8 192 · 2 d) 16 384 · 2

Irina hat den anderen von ihrem Traum erzählt. Olgun und Rosa wollen nun ausrechnen, wie schnell sie Millionäre werden könnten, wenn sie von der Fee am ersten Tag 1 Euro, danach am 2. Tag das Doppelte, am 3. Tag das Dreifache, am 4. Tag das Vierfache des Lohnes vom Vortag bekämen und so fort.

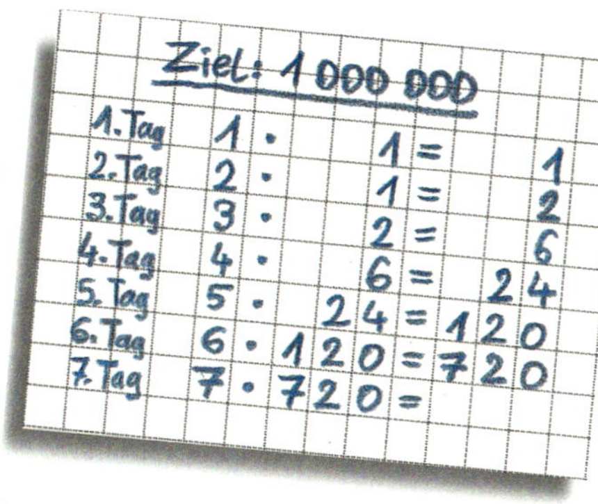

Aufgaben mit größeren Zahlen rechnen sie so:

Wie rechnet Olgun und wie Rosa?
Wo siehst du die Vorteile von Rosas Rechenweg?
Was musst du beachten, wenn du wie Rosa schriftlich malnehmen willst?

(1) Rechne weiter, bis du zu einer Million kommst.

(2) Finde heraus, was passiert, wenn du rückwärts rechnest:
10 · 9 · 8 · 7 · 6 · 5 · 4 · 3 · 2 · 1 = _____

(3) Rechne die Aufgaben auf beide Arten.

359 · 6	1 527 · 5	2 408 · 9	34 119 · 3	148 999 · 4

(4) Denke dir selbst Zahlen aus und multipliziere sie mit einer Zahl zwischen 2 und 10.

(5) Irinas Millionenrätsel:

a) Wie viele Säle, Truhen, Schubladen, Kästchen, Beutel und Säckchen gibt es im Schloss?

b) Können alle 5 Matheprofis Cent-Millionäre werden?

Multiplizieren mit glatten Zahlen

Wie viele Nullen?

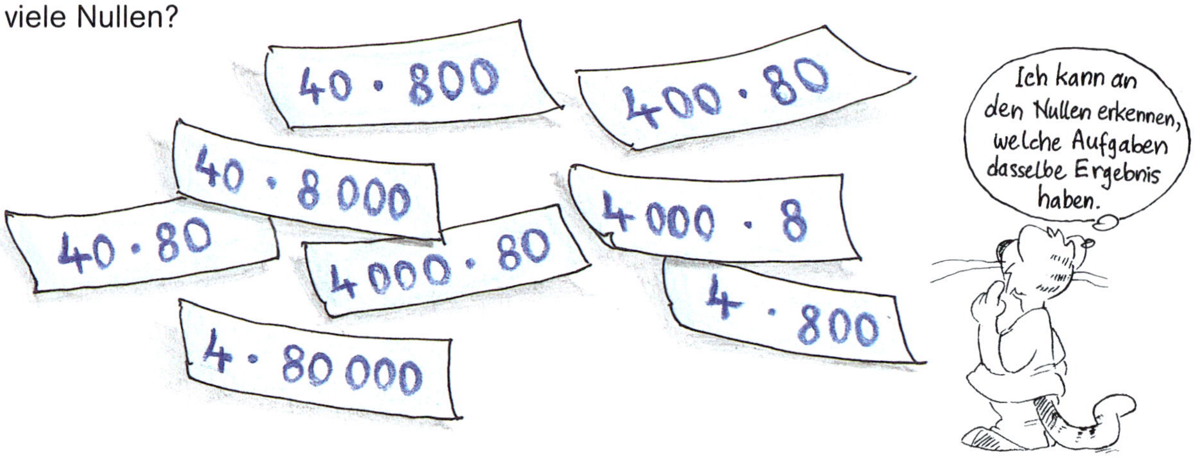

(1) Suche dir immer zwei Aufgaben aus und überlege zunächst, ob die Ergebnisse gleich sind bzw. welches Ergebnis größer ist.
Kannst du es auch begründen?

(2) Malaufgaben im Zahlenhaus

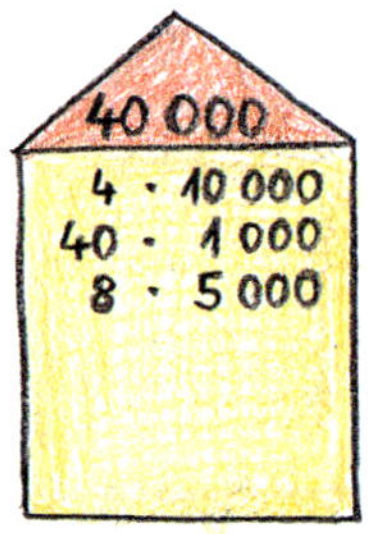

a) Welche Aufgaben findest du noch?

b) Mache je ein Zahlenhaus für 20 000, 60 000, 80 000 und 100 000.

(3) Zerlege Malaufgaben so, dass (·10) möglichst oft vorkommt?

$$600 \cdot 70 = 6 \cdot 10 \cdot 10 \cdot 7 \cdot 10 = \underbrace{6 \cdot 7}_{} \cdot \underbrace{10 \cdot 10 \cdot 10}_{}$$
$$= 42 \cdot 1000$$

5 000 · 80	60 · 90 000	900 · 300	110 · 400	50 · 900
12 · 4 000	40 000 · 70	4 000 · 3 000	800 · 6	12 000 · 40

(4) Vier Zahlen miteinander malnehmen – doch welche zuerst? Probiere es aus.

[5] [3] [10] [20]

so: 15 · 200 = 3 000 oder so: 50 · 60 = 3 000

a) Welche Möglichkeiten findest du noch? Welche ist geschickt?

b) Probiere es mit: [7] [4] [15] [100] [4] [8] [10] [25] [3] [6] [5] [30]

Findest du besonders geschickte Möglichkeiten?

(5) Multipliziere geschickt.

[2] [4] [25] [4] [50] [38] [47] [0] [12] [4] [87] [25]

(6) Hier kannst du schriftlich rechnen. Sind für dich die Nullen ein Problem?

346 · 4	7325 · 5	7326 · 5	73080 · 5
346 · 40	7325 · 50	7326 · 50	73080 · 50
346 · 400	7325 · 500	7326 · 500	73080 · 500

1) Millionen abbauen

a) Teile 1 000 000 durch 2 oder 5. Das Ergebnis teilst du wieder durch 2 oder 5, bis du die Zahl 1 erreichst. Findest du verschiedene Möglichkeiten?

b) Beginne auch bei 800 000. Teile durch 4 und 5, bis du die Zahl 1 erreichst.

2) a) 400 000 —: 40→ ☐
—: 10→ ☐ —: 4→ ☐

b) 400 000 —: 400→ ☐
—: 100→ ☐ —: 4→ ☐

c) 400 000 —: 4000→ ☐
—: 1000→ ☐ —: 4→ ☐

3) Achte auf die Nullen:

a)	b)	c)	d)
300 000 : 3	24 : 6	6000 : ☐ = 60	5000 : ☐ = 5
300 000 : 30 000	24 000 : 6	4600 : ☐ = 46	1800 : ☐ = 180
300 000 : 30	240 : 6	16 000 : ☐ = 160	123 000 : ☐ = 1230
…	…		

4) Immer zwei Aufgaben haben dasselbe Ergebnis. Suche sie heraus.

a) 30 000 : 50 | 300 000 : 50 | 30 : 5 | 300 000 : 50 000
3000 : 50 | 30 000 : 5 | 3000 : 5 | 30 000 : 500

b) Finde zu jedem Ergebnis noch eine weitere Aufgabe.

5) Teile durch möglichst viele verschiedene Zahlen:

48 000 | 240 000 | 4 000 000 …

6) Von leicht nach schwer. Manchmal bleibt ein Rest.

a)	b)	c)	d)
3 000 : 3	3 000 : 6	3 000 : 10	3 000 : 5
3 600 : 3	3 600 : 6	3 600 : 10	3 600 : 5
3 690 : 3	3 690 : 6	3 690 : 10	3 690 : 5
3 693 : 3	3 693 : 6	3 693 : 10	3 693 : 5

e) Teile 4 000, 4 800, 4 820 durch 4, 8, 10 und 5.

Multiplizieren mit großen Zahlen

1. Besprecht, wie Felix, Rosa und Paula gerechnet haben.
   Wie würdet ihr die Aufgabe rechnen?

2. Beginne immer mit der einfachsten Aufgabe:

a)	b)	c)	d)
19 · 53	22 · 49	18 · 315	45 · 127
10 · 53	32 · 49	20 · 315	50 · 127
20 · 53	20 · 49	10 · 315	55 · 127
29 · 53	29 · 49	48 · 315	5 · 127

3. Rechnet folgende Aufgaben und vergleicht eure Wege.

37 · 123 | 42 · 265 | 312 · 84 | 246 · 56 | 507 · 49

4. Rechne viele Aufgaben. Mache zuerst einen Überschlag.

317 8 593 9 239 96 · 75 17 46 743 7 29 68

Olguns Überschlag:

317 · 29
300 · 30 = 9000
Das Ergebnis wird 4 Stellen haben und größer als 9000 sein.

Schriftlich Multiplizieren

1. Wie haben Irina und Rosa ihre Lösungen gefunden?
   Worin unterscheiden sich ihre Rechenwege?

2. Legt mit den Ziffernkarten 2 4 7 8 9 eine dreistellige und eine zweistellige Zahl.
   a) Multipliziert die beiden Zahlen. 4 9 7 · 8 2
   b) Wer findet das größte Ergebnis, wer das kleinste?
   c) Probiert dies auch mit fünf anderen Ziffernkarten.

3. Aufgabenpaare:

a) 30 · 30	b) 50 · 50	c) 20 · 20	d) 80 · 80
31 · 29	51 · 49	21 · 19	81 · 79

   Bilde weitere Aufgabenpaare.

4. Interessante Ergebnisse: a) 823 · 15 b) 1929 · 64 c) 31893 · 24 d) 685871 · 18

5. So rechnet Olgun:

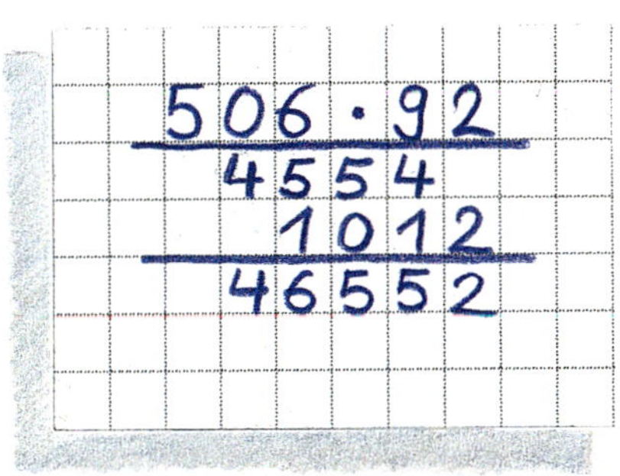

So hat es Olguns Vater gelernt:

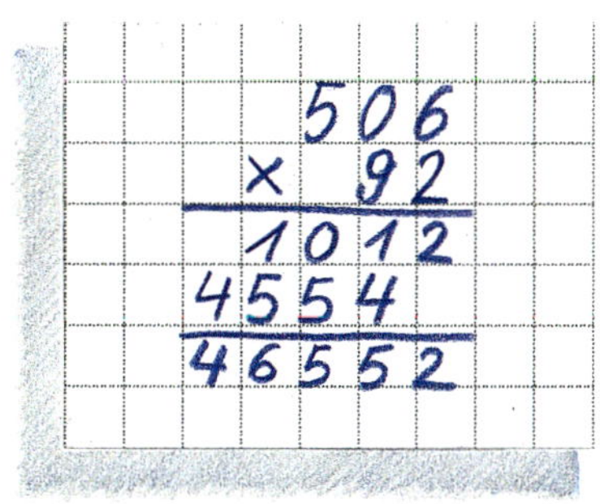

Vergleicht das türkische mit unserem Verfahren.
Wo findet ihr die gleichen Zahlen? Welche Unterschiede gibt es?

Ergebnisse überschlagen und eingrenzen

Wie könnte der Überschlag aussehen? Kann Rosas Ergebnis stimmen?

1 Rosa hat Überschläge zu folgenden Aufgaben gesucht:

714 · 48	789 · 48	753 · 49	743 · 45	753 · 87	776 · 42
700 · 50	800 · 50	obere Grenze: 800 · 50 untere Grenze: 700 · 50	700 · 50	800 · 90	800 · 40

ROSA

Sind die Überschläge gut gewählt? Vermute zuerst, rechne dann genau.

Warum hat Rosa bei einer Aufgabe zwei Überschläge aufgeschrieben?

2 Finde Überschläge oder grenze die Ergebnisse ein. Rechne dann.

a) 315 · 47
459 · 23

b) 418 · 32
655 · 30

c) 247 · 68
486 · 37

d) 674 · 82
1 085 · 74

Können deine Ergebnisse stimmen?

3 Welche Ergebnisse sind falsch?

492 · 8
3936

3519 · 7
24633

524 · 9
4516

4041 · 9
27271

13358 · 3
30074

468 · 206
936
2808
12168

698 · 39
2094
6282
27222

2100 · 57
10500
1470
11970

2078 · 23
4356
6534
50094

128 · 28
256
1024
1280

Häufige Fehler
- verrechnet beim 1 · 1
- Behalteziffern vergessen
- Fehler mit der 0
- falsch untereinander geschrieben
- Fehler bei der Addition

Verbessere die Fehler.

Auch Zahlen haben Muster.

(1) Rechne alle Aufgaben so weit aus, bis du in den Ergebnissen ein Muster erkennst.

(2) Welcher Matheprofi hat hier das Muster in seinen Ergebnissen beschrieben?

In den Ergebnissen werden die Tausender immer um 1 größer und die Hunderter auch, die Zehner und die Einer werden immer um 1 kleiner (+1000 +100-10-1). Wenn man das erste Ergebnis umdreht, kommt das Ergebnis der letzten Aufgabe heraus. Bei der zweiten und der achten Zahl ist das auch so usw. Die Quersumme ist immer 18. Wenn man die Tausenderstelle und die Zehnerstelle weglässt, hat man immer eine Zahl aus der Neunerreihe.

(3) a) Welches von den anderen vier Mustern gefällt dir am besten? Beschreibe es, ohne die Ergebnisse genau zu benennen.

b) Gib deine Beschreibung einem anderen Kind. Kann es erraten, welche Ergebnisse du beschrieben hast?

(4) Es gibt noch zahlreiche andere Aufgaben mit Neuner-Zahlen, die schöne Ergebnisse ergeben. Probiere aus.

(5) Was haben die Aufgaben miteinander zu tun – und die Ergebnisse?

12 345 · 9	12 345 · 27	12 345 · 36	12 345 · 45
12 345 · 18	12 345 · 54	12 345 · 72	12 345 · 90

Multipliziere auch die Zahlen 123 456 und 1 234 567 mit den Zahlen der Neunerreihe.

(6) a) Auch hier wirst du etwas entdecken: 37 · 3 37 · 6 37 · 9

b) Mit welcher Zahl musst du die 37 multiplizieren, um die Ergebnisse 444 und 888 zu erhalten?

c) Erhältst du auch hier schöne Ergebnisse? 37 037 · 12 37 037 · 15 37 037 · 21

d) Mit welcher Zahl musst du 37 037 multiplizieren, um die Ergebnisse 222 222 und 888 888 zu erhalten?

Altes und neues Geld

Auf dem Markt um 1820

Vor dem Jahr 1875 bezahlte man in Deutschland mit Talern, Groschen, Gulden und Kreuzern. Diese Münzen waren aus Gold, Silber oder Kupfer. Der Wert der Münzen wurde bestimmt durch das Gewicht des in ihnen enthaltenen Edelmetalls.

Das machte das Rechnen mit Geld nicht ganz einfach. Sieh dir den Wert der Münzen einmal an.

Taler
große Silbermünze
1 Taler = 30 Groschen = 90 Kreuzer

Groschen
Silbermünze
1 Groschen = 3 Kreuzer

Gulden
Goldmünze
1 Gulden = 20 Groschen = 60 Kreuzer

Kreuzer
Kupfermünze

1. a) Was ist mehr wert?
   32 Gulden oder 19 Taler
   25 Groschen oder 65 Kreuzer

   b) Rechne um
   4 Gulden = ___ Groschen
   72 Kreuzer = ___ Groschen

2. Ein Bauer kauft die magere Kuh, die Ziege, 5 Scheffel Hafer, 2 Pfund Butter und einen Käse. Wie viel hat er insgesamt bezahlt?
   Versuche den Gesamtpreis so umzurechnen, dass er mit möglichst wenigen Münzen bezahlt werden kann.

3. Eine Hausfrau geht mit einem Gulden auf den Markt. Wie viel Geld hat sie übrig, wenn sie 2l Milch, 2 Pfund Butter und ein Dutzend Eier kauft?

(4) Auch in alten Rechenbüchern wurde mit Gulden und Kreuzern gerechnet. Versucht einmal die Aufgaben zu lösen.

a) *Ein Schuhmacher hat für den Herrn Pfarrer verfertigt: Ein Paar neue Stiefeln 7 Gulden und 48 Kreuzer, ein Paar neue Schuhe 2 Gulden und 20 Kreuzer, 2 Paar Pantoffeln aus grünem Samt zu je 1 Gulden und 54 Kreuzern. Wie viel musste der Pfarrer bezahlen?*

b) *Ein Handwerksmann nahm in einem Monate 95 Gulden und 36 Kreuzer ein. Seine Gesellen kosteten ihn 20 Gulden und 56 Kreuzer. An Auslagen für Arbeitsstoff und Werkzeug hatte er 36 Gulden und 15 Kreuzer. Wie viel blieb ihm übrig?*

(5) Das waren die Löhne um 1875. Wer verdient mehr? Rechne die Löhne so um, dass du sie vergleichen kannst.

Arbeitslöhne
Knecht:
20 Gulden Jahreslohn und Kleidung
Wäscherin:
25 Kreuzer Tageslohn
Arbeiter:
3 Taler Wochenlohn

(6) Von 1875 an wurde in Deutschland eine einheitliche Währung eingeführt. Es gab nur noch die Mark und den Pfennig (1 Mark = 100 Pfennige). Seit 2002 gibt es in vielen europäischen Ländern den Euro und den Cent.
Wieder gilt: 1 Euro = 100 Cent.

a) Warum ist das Rechnen mit diesen Münzen viel einfacher als vor 1875?

b) Wie viel Cent sind …
1,05 €   10 €   0,89 €   25,25 €   4 € 7 ct   0,7 €   225,05 €   1000,11 € ?

(7) Irinas Tante hat die Preise in Deutschland und Frankreich verglichen.

Waren (Supermarkt)	Deutschland	Frankreich
180 g Schinken	1,14 €	3,40 €
1 Baguette	0,95 €	0,44 €
Pizza (1000 g)	2,65 €	1,67 €
1 l Vollmilch	0,59 €	0,87 €
1 l Mineralwasser	0,63 €	0,44 €

Waren	Deutschland	Frankreich
Jeans	81,80 €	78,90 €
Buch	32,50 €	18,75 €
Shampoo	2,95 €	2,58 €
1 l Normalbenzin	1,07 €	0,99 €

a) Suche die drei Waren aus, bei denen der Preisunterschied besonders auffallend ist und berechne ihn.

b) Stelle einen Einkaufszettel zusammen. Rechne aus, wie viel du für deine Waren in Deutschland bezahlen würdest und wie viel in Frankreich.

Wie viel Zucker?

1. Was wisst ihr über Zucker? Ist Süßes ungesund?

2. Wie viel Zucker ist eigentlich in Süßigkeiten enthalten?

a) Auf den Verpackungen findet man nur manchmal Angaben dazu. Im Internet hat Paula diese Informationen gefunden.

Welches Lebensmittel enthält wohl am meisten Zucker?

Lebensmittel	Menge	Zuckeranteil
1 Tüte Gummibärchen	200 g	160 g
1 Glas Nougatcreme	400 g	200 g
Bonbons	50 g	45 g
1 Milchspeiseeis	200 g	40 g

b) Felix meint, dass man den Zuckeranteil in den Lebensmitteln nicht wirklich vergleichen kann, weil die Mengen unterschiedlich groß sind. Man müsste alles auf die gleiche Menge umrechnen, z.B. auf 100 g. Er macht sich eine Schließtabelle.

Berechne den Zuckeranteil von jeweils 100 g der anderen Lebensmittel mithilfe einer Tabelle oder auf eine andere Art.

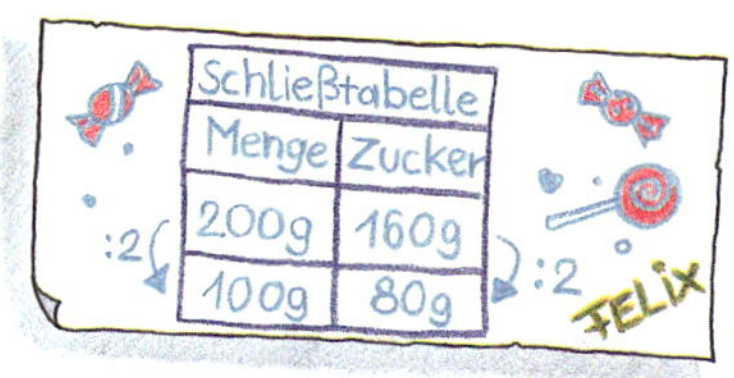

3. Nicht nur in Süßigkeiten ist Zucker.

Lebensmittel	Zuckeranteil
1 l Cola	120 g
1 l Limonade	130 g
1 l Orangensaft	100 g
400 g Kakaopulver	300 g
Kindermilchschnitte (30 g)	12 g
250 g Fruchtjoghurt	39 g
500 g Tomatenketchup	180 g

Was könnt ihr der Tabelle entnehmen?
Was überrascht euch?
Denkt daran, dass man nicht die ganze Menge auf einmal isst oder trinkt.

4. Kannst du diese Schließtabellen vervollständigen?

Kindermilchschnitte	
Menge	Zucker
30g	12g
60g	...

Bonbons	
Menge	Zucker
50g	45g
200g	...

Gummibärchen	
Menge	Zucker
200g	160g
20g	...

(5) Die Matheprofis planen eine Ausstellung. Sie wollen Süßigkeiten auslegen und den Zuckergehalt in Würfelzucker-Stücken daneben legen.
Ein Stück Würfelzucker wiegt 3 g.
Nun müssen sie herausfinden, wie viele Zuckerwürfel sie neben die Süßigkeiten legen müssen. Paula versucht es mit einer Tabelle.

Gramm	Zuckerwürfel
3g	1
6g	2
30g	10
15g	-----
45g	----

a) Übertrage sie in dein Heft und vervollständige sie.

b) Berechne den Zuckeranteil von vier weiteren Süßigkeiten oder Lebensmitteln.

c) Mache selbst eine Ausstellung.

(6) Olgun hat aufgeschrieben, was er gestern an gezuckerten Speisen gegessen und getrunken hat. Nun möchte er wissen, wie viele Zuckerwürfel das zusammen wären.

Olgun rechnet so:

	Zucker	WZ
2 Milchschnitten	24g	8
250g Fruchtjoghurt		
50g Tomatenketchup		
$\frac{1}{2}$ l Cola		
zusammen		

a) Übertrage Olguns Tabelle in dein Heft und fülle sie aus.

b) Findest du noch einen anderen Weg, wie du den Zuckeranteil in Zuckerwürfel umrechnen kannst?

(7) Was musst du rechnen können, um diese Fragen zu beantworten?
Schreibe deinen Rechenweg auf.

Denkt euch weitere Aufgaben aus.

(8) Was enthält mehr Zucker? Begründe.

a) 1 Glas Cola (0,5 l) oder 1 Eis?

b) 1 Fruchtjoghurt oder 2 Milchschnitten?

c) 1 Gummibärchen oder 1 Bonbon?

Von Verpackungen und Müllbergen

Wie könnte Paula und Rosas Gespräch weitergehen?

Habt ihr euch schon einmal Gedanken darüber gemacht, was mit den vielen Verpackungsabfällen geschieht? Wie könnte man sie vermeiden? Kennt ihr den „Grünen Punkt"? Sammelt Fragen und Informationen zum Thema „Verpackungen – Verpackungsmüll".

Rosa will wissen, wie viele Verpackungen gesammelt werden.
Im Internet hat sie diese Angaben gefunden.

1 a) Was kannst du aus der Darstellung ablesen?

b) Kannst du die Gewichtsangaben deuten? Was bedeuten die Zahlen vor dem Komma, was die Zahlen dahinter? Schreibe die Mengenangaben getrennt nach Kilogramm und Gramm auf.

26,4 kg = 26 kg 400 g

c) Rechne aus, wie viele Verpackungsabfälle ein deutscher Bürger im Durchschnitt im Jahr 2004 gesammelt hat.

2 Die Matheprofis wollen wissen, wie schwer einzelne Abfälle sind. Sie wiegen eine leere Dose (25 g), eine leere Milchflasche (394 g), einen Joghurtbecher (11 g) und eine Zeitung (106 g).
Dann schätzen sie, wie viele Verpackungen einer Sorte etwa 1 kg wiegen.
Welche Schätzung liegt am nächsten an der richtigen Lösung. Begründe.

10 oder 50 oder 100 Dosen wiegen etwa 1 Kilogramm.

10 oder 50 oder 100 Joghurtbecher wiegen etwa 1 Kilogramm.

10 oder 50 oder 100 Zeitungen wiegen etwa 1 Kilogramm.

(3) Paula und Rosa berechnen auch, wie viel 10, 100, 1 000, 10 000 oder gar 100 000 dieser Verpackungen wiegen.
Bei welcher Anzahl erreicht man etwa eine Tonne?

	1	10	100	1 000	10 000	100 000
Dose	25 g	250 g	2 kg 500 g	25 kg	250 kg	2 t 500 kg
Flasche	394 g					
Zeitung	106 g					
Plastikbecher	11 g					

Wiege selbst Müllgegenstände und multipliziere das Gewicht mit 10, 100, 1 000, 10 000, 100 000. Trage dein Ergebnis ebenfalls in eine Tabelle ein.

Gewichte rechnet man um: 1 000 g = 1 kg   1 000 kg = 1 t

So sind drei verschiedene Angaben möglich:

2 500 g = 2,5 kg = 2 kg 500 g   2500 kg = 2,5 t = 2 t 500 kg

Vergleiche die Schreibweisen. Welche siehst du am häufigsten?

(4) Schreibe die folgenden Gewichtsangaben auf eine andere Weise.

a) 6 t 380 kg
2 t 350 kg
1 t 90 kg

b) 2 695 kg
15 500 kg
980 kg

c) 6,250 t
1,050 t
0,775 t

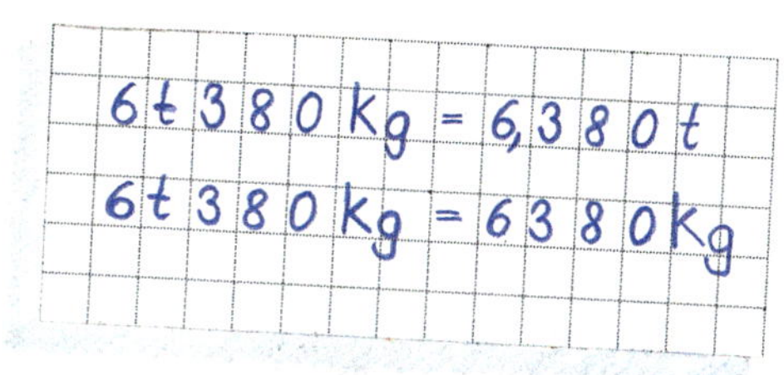

(5) Eine Papiertüte für ein Brötchen oder ein Pausenbrot wiegt durchschnittlich 8 g.

a) Wie viel kg Müll könnte an einem Tag vermieden werden, wenn alle Kinder in eurer Klasse (alle Kinder eurer Schule) eine Frühstücksdose benutzen würden?

b) Wie viel kg Müll wären das in einer Schulwoche (5 Tage)?

c) Wie viel kg Müll wären es in einem Schuljahr (38 Schulwochen)?

(6) Bei der Säuberung eines Parks wurden vier „Gelbe Säcke" Plastikmüll gesammelt.
Die Säcke wogen 970 g, 1 kg 80 g, 1 kg 175 g und 895 g.
Wie viel Kilogramm Müll waren das insgesamt?

(7) Schreibe die Aufgaben so um, dass du sie sicher lösen kannst.

1 255 g + 0,5 kg = ☐
970 g + 2,1 kg = ☐

3,5 t + 750 kg = ☐
0,750 t + 1 t = ☐

2 kg 450 g + ☐ = 5 000 g
3,075 kg + ☐ = 3,500 kg

Rauminhalte messen

1 Literangaben sind dir sicher schon begegnet. Schreibe auf, von welchen Flüssigkeiten du wie viel gekauft, getrunken, verbraucht oder benutzt hast.

2 Ein Liter ist ein recht großes Maß: Damit man auch kleinere Flüssigkeitsmengen messen kann, wurde der Liter halbiert oder in vier gleiche Teile, in 10 gleiche Teile und sogar in 1 000 gleiche Teile geteilt.

ein Liter ein halber Liter ein Viertelliter ein Zehntelliter ein Milliliter

3 Versuche die Schreibweise der Literangaben zu erklären.
Kannst du die Milliliter (ml) berechen?

$1\ l = 1{,}0\ l = 1\,000$ ml

$\frac{1}{2}\ l = 0{,}5\ l =$ ______ ml

$\frac{1}{4}\ l = 0{,}25\ l =$ ______ ml

$\frac{1}{10}\ l = 0{,}1\ l =$ ______ ml

$\frac{3}{10}\ l = 0{,}3\ l =$ ______ ml

$\frac{7}{10}\ l = 0{,}7\ l =$ ______ ml

4 Addiere zwei Literangaben so, dass es immer einen ganzen Liter ergibt.

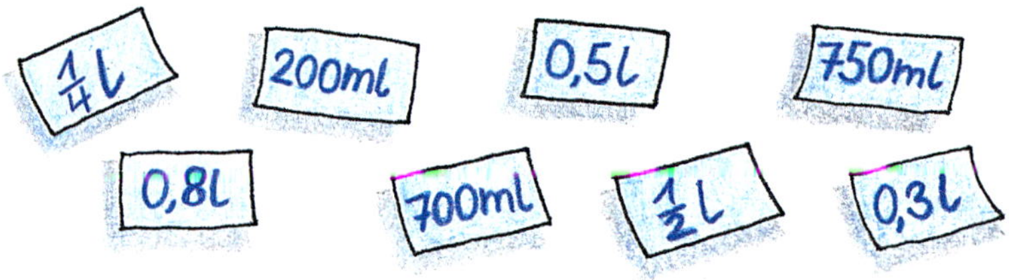

Wandle zuerst um:

$\frac{1}{4}\ l = 250$ ml

250 ml + _____ ml = 1 000 ml

5 Wie viele Gläser und Löffel brauchst du, um ein Litermaß aufzufüllen?

	Saftglas (1/4 l)	kleine Tasse (0,1 l)	Teelöffel (5 ml)	Esslöffel (15 ml)
1 l				

Rezepte berechnen

1. Die Matheprofis haben ein einfaches Rezept für eine Kinderbowle gefunden. Sie überlegen:

a) Reichen die Mengenangaben für 5 Kinder aus, wenn jedes Kind zwei Gläser (0,3 l) trinkt?
b) Für wie viele Kinder würde die Bowle reichen, wenn jedes Kind nur einen Becher voll (0,2 l) trinkt?

c) Wie viele Liter braucht ihr von jeder Sorte, wenn ihr mit eurer Klasse die Bowle herstellen wollt und jedes Kind zwei Becher zu je 0,2 l bekommen soll?

d) Denkt euch ein eigenes Rezept aus oder bringt Rezepte mit und berechnet die Menge für eine größere oder kleinere Anzahl von Personen.

2. Diesen Messbecher benutzt man im Haushalt.
Betrachtet ihn genau.
Was kann man alles ablesen?
Wie viel Gramm wiegen zum Beispiel 1 Liter Reis oder Mehl ungefähr?

3. Zum Staunen: Immer 1 Liter!

	Rauminhalt	Gewicht
Kies	1 l	1800 g
Sand	1 l	1600 g
Torf	1 l	400 g
Gold	1 l	19 300 g
Wasser	1 l	1000 g
Benzin	1 l	700 g
Luft	1 l	ca. 1 g

In einen Eimer passen 10 l Wasser.

a) Wie viel wiegt also ein Putzeimer voll Wasser? Das Gewicht des Eimers kannst du vernachlässigen.

b) Wie schwer wäre er, wenn er mit Torf, mit Sand oder gar mit Gold gefüllt wäre?

Preisbewusst einkaufen …

(1)

Rosa und Paula wollen mit Rosas Vater Pizza backen. Die beiden gehen in den Supermarkt. Dort bekommen sie fast alle notwendigen Zutaten.

Wie würdest du dich entscheiden? Begründe.

(2)

a) Paula schlägt vor, jeweils nur die großen Packungen zu kaufen. Wie viel Geld würden sie gegenüber der gleichen Menge in kleinen Packungen einsparen?

b) Überlegt: Wann ist es sinnvoll, eine große Packung zu kaufen und wann nicht?

(3)

a) Lebensmittel mit demselben Gewicht haben oft unterschiedliche Preise. Warum ist das wohl so?

b) Paula würde immer die billigere Ware kaufen, Rosa die teurere. Schreibe je einen Kassenzettel für Rosas und für Paulas Einkauf und vergleiche die Ausgaben.

(4) Bei vielen Lebensmitteln wird außer dem Packungspreis auch noch der Grundpreis (z. B. für 1 kg) angegeben. Warum wohl?

(5) Ist der geriebene Emmentaler wirklich der teuerste Käse?
Auf diesen Käsesorten steht nur der Packungspreis. Berechne die Grundpreise für 1 kg. Eine Tabelle kann dir dabei helfen.

Bergkäse

g	€
100	0,99
200	1,98
400	----
800	----
1000	----

So überlegt Paula. Findest du eine Möglichkeit, schneller ans Ziel zu kommen?

(6)

a) Wie würdest du den Preis für die Fleischtomate berechnen? Vielleicht mithilfe einer Tabelle?

b) Wie viel kostet das Gemüse ungefähr? Runde wenn nötig die Kilogramm-Preise auf, damit du leichter rechnen kannst.

1 Zwiebel (100 g) 750 g Fleischtomaten

500 g Strauchtomaten 125 g Cocktail-Tomaten

(7) Rosas Vater hat den beiden einen 10-Euro-Schein mitgegeben. Stelle einen möglichen Einkaufszettel für die Pizza zusammen. Überschlage zuerst und rechne dann genau.

(8) Das könnt ihr zu Hause untersuchen: Bei welchen Lebensmitteln werden im Supermarkt Grundpreise angegeben? Auf welches Gewicht beziehen sich die angegebenen Grundpreise? Schreibe einige Lebensmittel mit ihren Grundpreisen auf.

Textaufgabenwerkstatt:

Olgun liebt Rechenprobleme. Seine ganze Familie ist damit beschäftigt, bei jedem Anlass zu überlegen, wie daraus für Olgun eine Aufgabe werden kann, bei der er nachdenken, knobeln und rechnen kann. Und das geht so:

(1) Die neue Tischtennisplatte

Olgun und sein großer Bruder Erhan wollen zusammen eine Tischtennisplatte kaufen. Die Platte kostet mit allem Zubehör 360 €. Ihr Vater will davon 180 € bezahlen, Erhan will sich mit 120 € beteiligen. Nun soll Olgun überlegen, wie viel er von seinem Geld noch dazutun muss.

Olguns Vater macht daraus diese Aufgabe:

> Die Tischtennisplatte, die ihr kaufen wollt, kostet 360 €. Ich bezahle die Hälfte.
> Da dein Bruder mehr Geld hat als du, kann er doppelt so viel dazutun wie du.
> Wie viel Geld muss jeder von euch dafür bezahlen?

a) Vergleiche beide Texte. Warum ist der zweite Text ein Rechenproblem?

b) Was musst du alles berechnen, um das Rechenproblem zu lösen?
Welche Rechnungen helfen dir bei der Lösung? Begründe.

360 € : 2 = 180 €
180 € : 3 = 60 €

360 € : 6 = 60 €

360 €
− 180 €
− 120 €

c) Wie viel müsste Olgun bezahlen,
– wenn Erhan dreimal so viel bezahlen würde wie er?
– wenn Erhan viermal so viel bezahlen würde wie er?

d) Kannst du einen Tipp geben, wie man diese Aufgaben schnell lösen kann?

(2) Erhans Einkauf im Supermarkt

Auf dem Rückweg überlegt sich Erhan für Olgun folgende Aufgabe:

> Ich habe gerade 2 Flaschen Apfelsaft und 3 Flaschen Tomatensaft gekauft.
> Der Apfelsaft kostet 0,98 € pro Flasche.
> An der Kasse habe ich 3,43 € bezahlt.
> Wie viel kostet eine Flasche Tomatensaft?

a) Was hat Erhan gemacht, um ein Rechenproblem zu erfinden?

b) Denkt euch Rechenprobleme nach dem gleichen Muster aus und schreibt sie auf.
Tauscht sie untereinander aus.

Rechenprobleme für Olgun

③ Erhan erzählt seinen Freunden von den Bundesjugendspielen:

In unserer Schule wurden heute die Urkunden für die Bundesjugendspiele ausgeteilt. Es gab insgesamt 189 Siegerurkunden und 184 Ehrenurkunden. Wie viele Urkunden unser Schulleiter wohl unterschrieben hat?

Für Olgun macht Erhan am nächsten Tag dieses Rechenproblem daraus:

Wir hatten gestern Bundesjugendspiele. Es gab 373 Urkunden. Es gab genau 5 Ehrenurkunden weniger als Siegerurkunden. Wie viele Ehrenurkunden und wie viele Siegerurkunden waren es?

a) Wie hat Erhan die Aufgabe verändert, um ein Rechenproblem daraus zu machen?

b) Wie rechnest du die beiden Aufgaben aus?

c) Erhan ist 16 Jahre alt, Olgun 10.
Kannst du aus diesen Angaben ein Rechenproblem machen?

④ Erhans letzte Geschichte:

Zwei Radfahrer wollen sich treffen. Sie starten um 9.00 Uhr in 98 Km Entfernung voneinander. Um 11.00 Uhr sind sie noch 12 Km voneinander entfernt. Der eine ist 40 km gefahren. Wie viele km ist der andere zu diesem Zeitpunkt gefahren?

Welche Skizze ist deiner Meinung nach am besten für die Lösung geeignet? Welche nicht? Begründe.

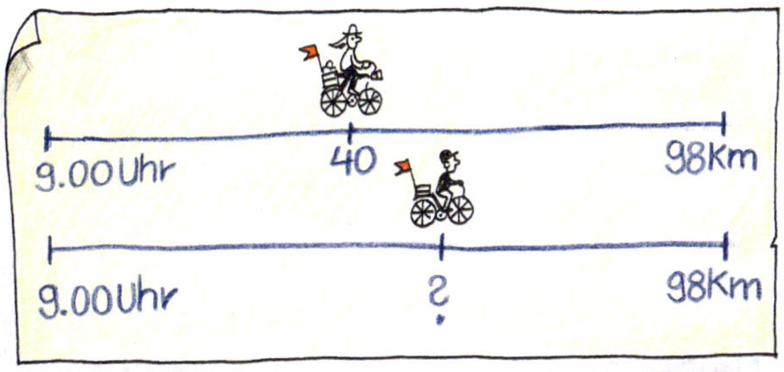

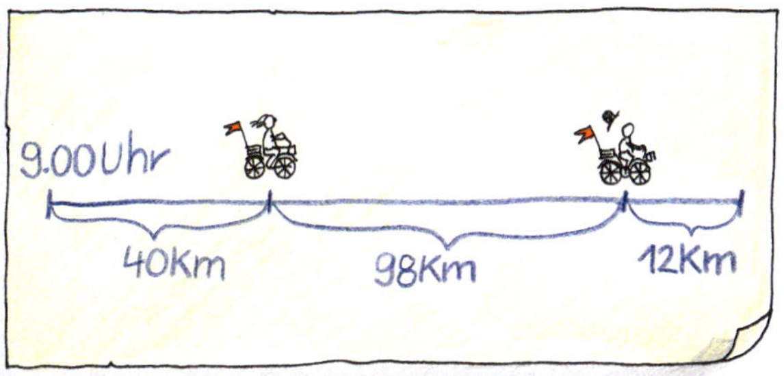

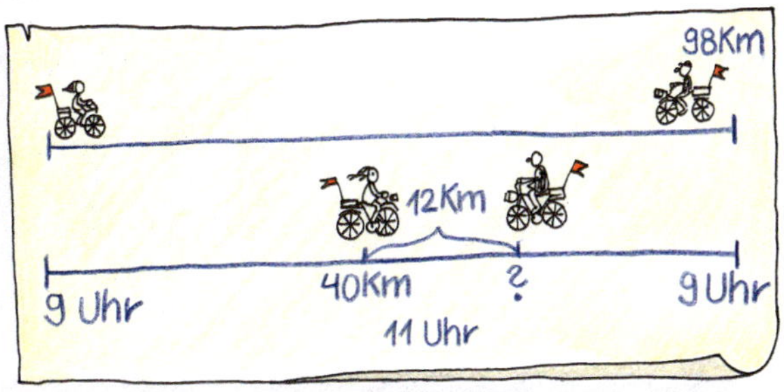

Mache selbst eine Skizze zu dem Rechenproblem, die dir bei der Lösung hilft. Sprecht darüber, welche Skizze ihr am besten findet.

Wie viel von einer Pizza?

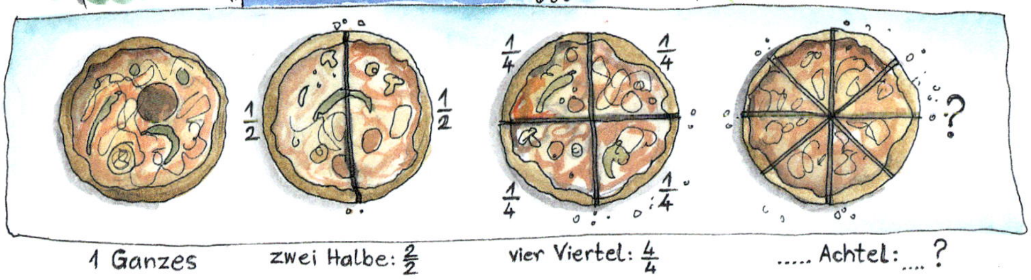

1. Wie hat Rosas Vater die Pizza geteilt?
2. Falte einen Papierkreis mehrmals. Welche Bruchteile erhältst du beim Falten?
3. Man kann sich Bruchteile auch so vorstellen:

1 Ganzes	$\frac{1}{2}$	$\frac{1}{4}$	$\frac{1}{8}$
			$\frac{1}{8}$
		$\frac{1}{4}$	$\frac{1}{8}$
			$\frac{1}{8}$
	$\frac{1}{2}$	$\frac{1}{4}$	$\frac{1}{8}$
			$\frac{1}{8}$
		$\frac{1}{4}$	$\frac{1}{8}$
			$\frac{1}{8}$

Auf dem Bild kannst du schnell erkennen:
$\frac{1}{2} = \frac{2}{4}$, $1 = \frac{2}{2}$, $\frac{2}{8} = \frac{1}{4}$

Was findest du noch?

4. Falte ein Papierquadrat so, dass Halbe, Viertel und Achtel entstehen.
5. Wie viele Achtel von einem großen Quadrat braucht Irina für diese Figuren?

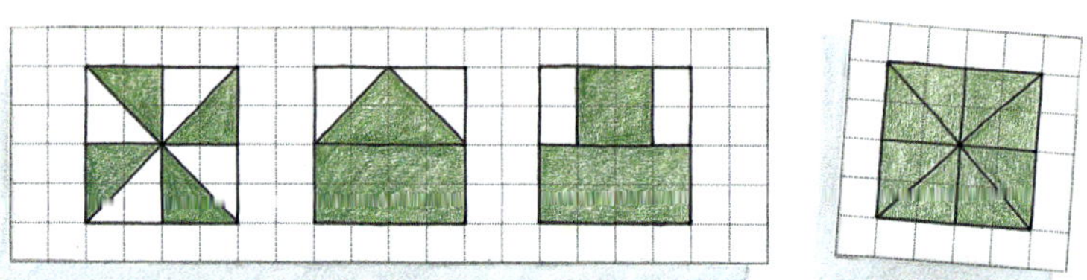

6. Der wievielte Teil des Quadrats ist rot, der wievielte Teil ist blau?
Zeichne die Figuren in dein Heft und schreibe die Bruchteile dazu.

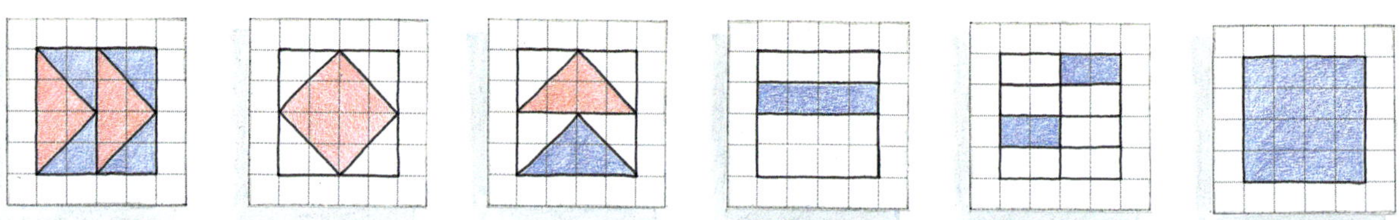

(7) Nehmt euch 5 verschieden farbige Kreise und schneidet einen Kreis in Viertel, einen in Drittel, einen in Sechstel, einen in Achtel und einen in Zwölftel.
Versucht, ganze oder halbe Kreise aus verschiedenen Farben zusammenzusetzen.
Schreibt Zahlensätze dazu, z. B. $1 = \frac{1}{3} + \frac{1}{4} + \frac{2}{6} + \frac{1}{12}$ oder $\frac{1}{2} = \ldots$

(8)

Was meint Paula?
Zeichne einen Kreis und teile ihn in 4 gleiche Teile und jedes Viertel nochmal in 3 Teile.

15 min sind $\frac{1}{4}$ h.

Der wievielte Teil von 1 h sind 10 min, 30 min, 20 min, 45 min?

(9) Wo sind dir Brüche noch begegnet?
Vielleicht beim Einkaufen? Schreibe auf, was du gefunden hast.

(10) a) 1 m sind 100 cm.
Wie viel sind $\frac{1}{2}$ m, $\frac{1}{4}$ m, $\frac{1}{8}$ m, $\frac{3}{4}$ m, $\frac{3}{8}$ m?

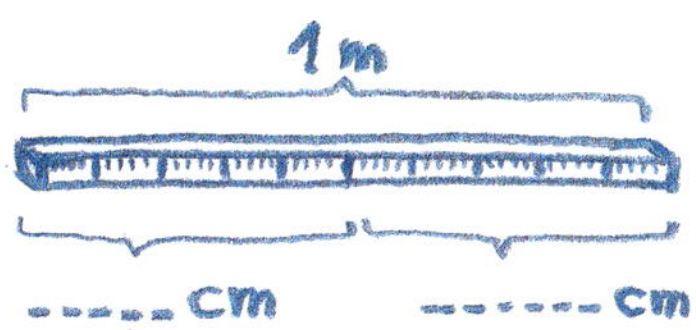

b) 1 kg hat 1000 g.
Wie viel sind $\frac{1}{2}$ kg, $\frac{1}{4}$ kg, $\frac{1}{8}$ kg, $\frac{3}{4}$ kg, $\frac{3}{8}$ kg?

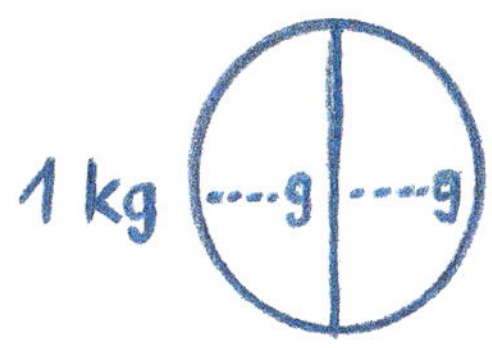

(11) 1 l = 1000 ml
Wie viel sind 250 ml, 750 ml, 500 ml, 125 ml? Schreibe die Literangaben als Bruch.

(12) In Schaubildern werden oft Prozentzahlen angegeben.
Prozent bedeutet „von 100 (Teilen)“.
Stell dir vor, der Kreis wäre in 100 gleiche Teile geteilt.
10 davon sind 10 %.

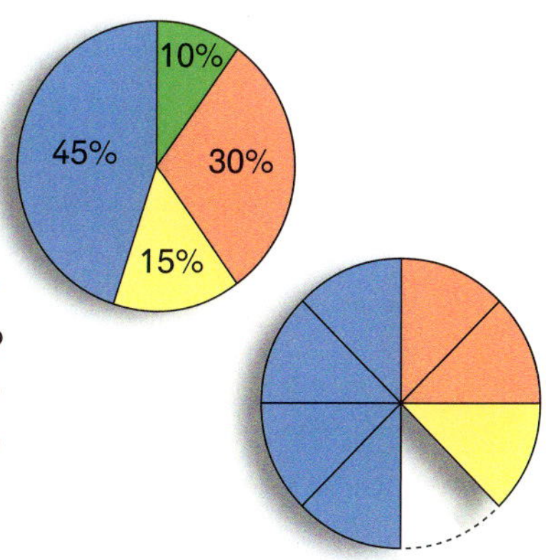

Vergleiche: Sind 45 % mehr oder weniger als die Hälfte?
Sind 30 % mehr oder weniger als ein Viertel?
Sind 10 % mehr oder weniger als ein Achtel?
Sind 15 % mehr oder weniger als ein Achtel?

Schreibe so: $45\,\% < \frac{1}{2}$ usw.

Teiler finden

1. Was vermutet ihr? Welche Zahlen haben viele Teiler und welche wenige?

2. Jede Zahl ist durch sich selbst und durch 1 teilbar. Ihre anderen Teiler nennt man echte Teiler.

   Bestimmt die Teiler der Zahlen bis 50. Macht euch Listen und teilt die Arbeit auf.

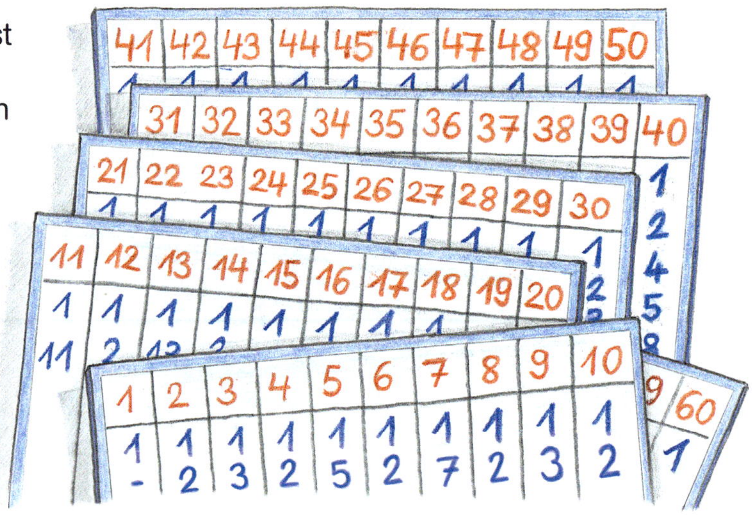

3. Als reich gilt eine Zahl, wenn die Summe ihrer echten Teiler plus 1 größer ist als sie selbst.

   Welche Zahlen bis 50 sind reich? Welche Zahlen könnte Irina „König“ und „Königin“ nennen?

Beispiel: 72
Teiler: 2,3,4,6,8,12,18,24,36
2+3+4+6+8+12+18+24+36+1 = 114
72 ist eine reiche Zahl.

Wer gewinnt gegen den Teilerfänger?

Ihr könnt allein, zu zweit oder als Gruppe spielen. Euer Ziel ist es, den Teilerfänger zu besiegen.

Ihr wählt eine Zahl auf dem Spielplan, streicht sie aus und tragt sie in eure Spalte ein. Der Teilerfänger bekommt alle anderen Teiler der Zahl. Sie werden ebenfalls ausgestrichen. Teiler, die er schon hat, bekommt er nicht noch einmal. Sind keine Teiler mehr übrig, bekommt er die Zahl selbst. In diesem Fall müsst ihr die Zahl in eurer Spalte wieder ausstreichen.
Zum Schluss addiert jeder seine Zahlen. Wer die größere Summe hat, gewinnt. Meist gewinnt der Teilerfänger, doch wenn ihr geschickt spielt, habt ihr eine Chance.

Zahlen			Spieler	Teilerfänger
~~1~~	9	17	10	1,2,5
~~2~~	~~10~~	18	8	4
3	~~11~~	19	22	11
~~4~~	12	20		
~~5~~	13	21		
6	14	~~22~~		
7	15	23		
~~8~~	16	24		

Mit Malflitzern durchs Zahlenland

Rosa hat sich ein Zahlengitter ausgedacht. Sie stellt sich vor, dass man mit Malflitzern schnell von einer Zahl zur anderen flitzt.

Die Zahlen in diesem Zahlengitter kannst du mit den Malflitzern (·3) und (·2) besuchen.

Du startest bei (1).

An jeder Kreuzung musst du umsteigen, auch wenn du geradeaus weiterfahren willst.

1. Überlege, wie du zur (72) kommst. Welche Malflitzer kannst du nehmen und an welchen Kreuzungen musst du umsteigen?
   a) Schreibe verschiedene Wege auf, zum Beispiel: $1 \xrightarrow{\cdot 3} 3 \xrightarrow{\cdot 2} 6 \xrightarrow{\cdot 3} 18 \xrightarrow{\cdot 2} 36 \xrightarrow{\cdot 2} 72$
   b) Wie oft hast du jeweils welchen Malflitzer benutzt?
   c) Beschreibe die Wege rückwärts mit Geteilt-Flitzern,
   zum Beispiel: $72 \xrightarrow{:2} 36 \rightarrow \ldots$

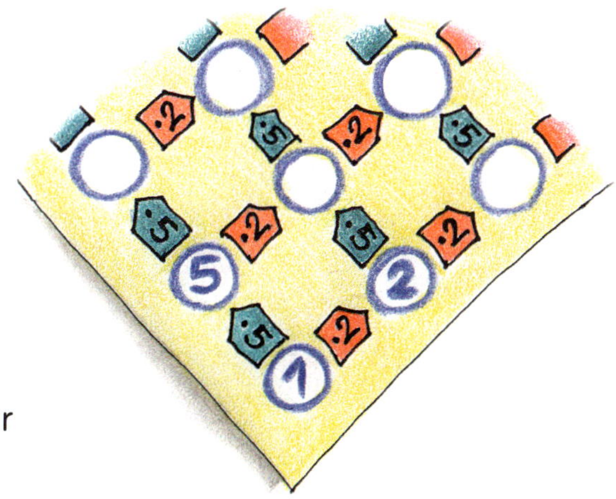

2. Zeichne ein eigenes Zahlengitter mit (·2)- und (·5)-Flitzern.
   Setze es soweit fort, wie du möchtest.
   Überlege, wie viel Platz du dafür brauchst.

3. Denke dir weitere Zahlengitter aus.

4. Zu welchen Zahlen kommst du, wenn du nur
   a) (·3)-Flitzer
   b) (·4)-Flitzer
   c) (·10)-Flitzer nehmen darfst?

5. Überlege, was das Zahlengitter mit den Teilern zu tun hat.

Ohne Rest gewinnt

Paula und Irina haben das Spiel Ohne Rest gewinnt erfunden.
Welche Regeln haben sie sich wohl für das Spiel ausgedacht?
Hat Irina wirklich nur Pech gehabt?

1. Nehmt Ziffernkarten, zieht fünf Ziffern und spielt wie Paula und Irina. Spielt mehrere Runden. Kontrolliert eure Ergebnisse gegenseitig. Jede Aufgabe ohne Rest gibt einen Punkt. Wer die meisten Punkte erreicht, hat gewonnen.

2. Wer hat gewonnen?

	1. Runde	2. Runde	3. Runde	4. Runde	5. Runde
	9 2 3 6 5	4 3 0 1 8	7 3 6 2 9	1 3 9 0 4	5 9 7 0 6
Irina)	9536 : 2	1840 : 8	2679 : 3	0349 : 1	6790 : 5
Paula)	3569 : 2	3180 : 4	6279 : 3	1049 : 3	0567 : 9

3. a) Finde mit den fünf Ziffern 0 1 4 5 8 viele Aufgaben ohne Rest.
   b) Wie heißt das kleinste Ergebnis ohne Rest, wie das größte?

4. Fülle die Lücken. Bei welchen Zahlen gibt es keine Reste? Suche mehrere Möglichkeiten.

783▢ : 2	362▢ : 4	236▢ : 5	715▢ : 5
557▢ : 2	922▢ : 4	61▢3 : 5	634▢ : 4
134▢ : 2	405▢ : 4	855▢ : 5	212▢ : 2

Für die Division gibt es auch schriftliche Verfahren.

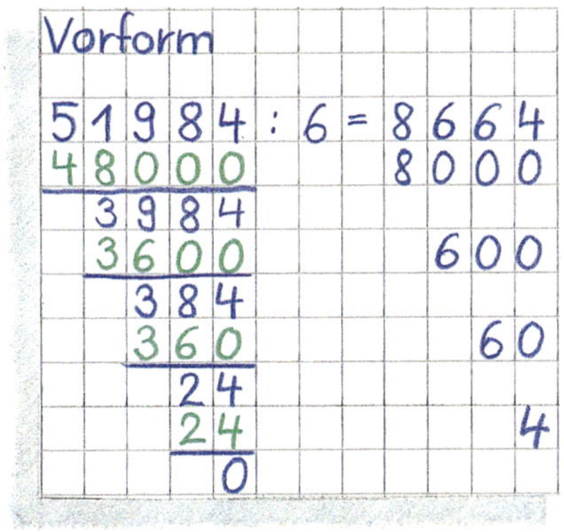

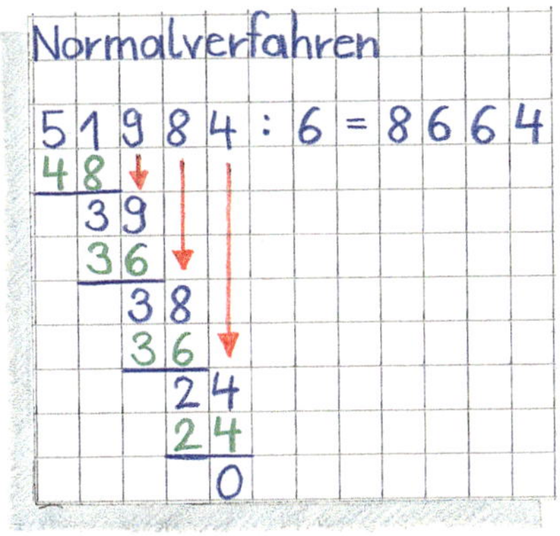

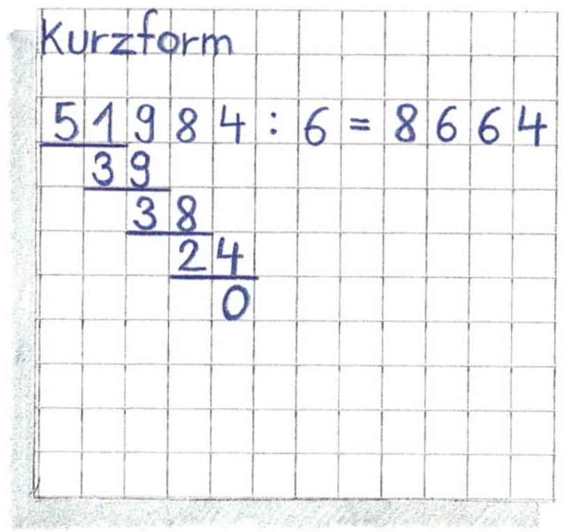

Vergleiche die drei Formen miteinander. Was haben sie gemeinsam?
Worin unterscheiden sie sich?

(1) 51 984 ist noch durch andere Zahlen zwischen 2 und 9 ohne Rest teilbar.
Welche sind es?
Rechne stellenweise mit dem Normalverfahren oder der Kurzform.

(2) Nur ein Ergebnis kann stimmen! Überlege, ohne zu rechnen, welches richtig ist.

a)		b)		c)	
61 502 : 6 =	125 R2	6 150 : 5 =	123	61 656 : 7 =	888
61 502 : 6 =	10 250 R2	6 150 : 5 =	12 300	61 656 : 7 =	8 808
61 502 : 6 =	1 025 R2	6 150 : 5 =	1 230	61 656 : 7 =	8 088

So kannst du Fehler vermeiden oder erkennen:

Achte auf die Anzahl der Stellen!

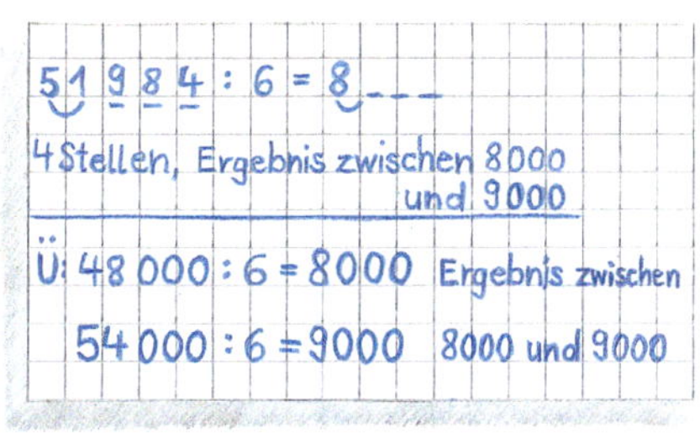

Mache die Probe!

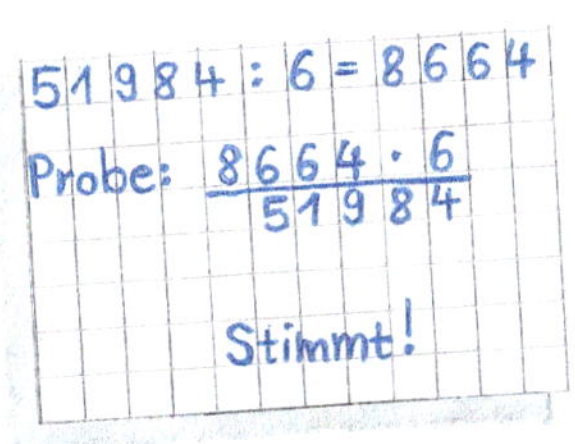

Achte auf die Nullen!

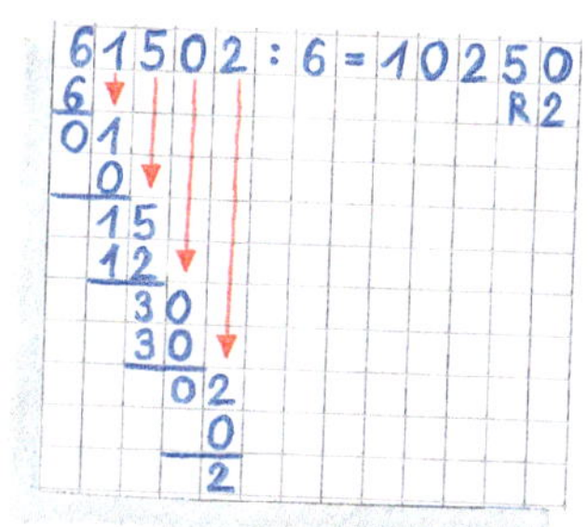

(3) Eine dieser Zahlen ist durch alle Zahlen von 2 bis 9 ohne Rest teilbar. Welche ist es?
Probiere aus.

141 144 | 141 120 | 121 140

(4) Achte auf die Anzahl der Stellen und die Nullen. Mache die Probe.

a)	b)	c)	d)
790 086 : 3	2 457 : 7	2 340 : 9	3 636 : 6
798 600 : 3	24 570 : 7	23 400 : 9	36 036 : 6
700 986 : 3	245 700 : 7	20 034 : 9	6 336 : 6
7 986 : 3	204 570 : 7	234 567 : 9	63 036 : 6
8 796 : 3	200 457 : 7	765 432 : 9	63 630 : 6

Felix' Restetrick

Wie hat Felix die Reste geraten? Kannst du das auch?

1. a) Bilde fünf Aufgaben, die beim Teilen durch 2 den Rest 1 haben.
   b) Bilde fünf Aufgaben, die beim Teilen durch 5 den Rest 3 haben.
   Vergleiche die Zahlen miteinander.

2.

340 : 4	1 220 : 4	888 : 4	5 420 : 4	628 : 4	1 006 : 4
1 340 : 4	1 920 : 4	1 888 : 4	540 : 4	826 : 4	1 060 : 4
1 332 : 4	1 932 : 4	8 188 : 4	542 : 4	268 : 4	1 600 : 4

   a) Wie groß sind die Reste? Vermute zuerst, rechne dann.
   b) Könnt ihr einen Restetrick für (:4) finden?
   Achtet auf die letzten beiden Stellen.

3. a) Bilde Zahlen, die sich ohne Rest durch 4 teilen lassen.
   7 6 ▢ ▢ : 4   3 9 ▢ ▢ : 4
   b) Findet Aufgaben, die bei (:4) die Reste 1, 2, oder 3 haben.

4. Wann lässt sich eine Zahl ohne Rest durch 3 teilen?
   Um herauszufinden, ob eine Zahl ohne Rest durch 3 teilbar ist, bildet man die Quersumme dieser Zahl.
   a) Teile die Zahlen durch 3. Welche Quersummen haben sie?
   1 242   6 231   3 375   5 271   9 855   78 597   343 497
   Was fällt dir auf?
   b) Welche Ziffer musst du wählen, damit kein Rest bleibt?
   2 74▢ : 3   2 7▢4 : 3   9 80▢ : 3   ▢908 : 3   8 79▢ : 3

5. Überprüfe: Gilt die Quersummenregel auch für (:9)?

6. Welche Eigenschaften müssen Zahlen haben, damit sie ohne Rest durch 6 teilbar sind?

Schriftlich dividieren durch größere Zahlen

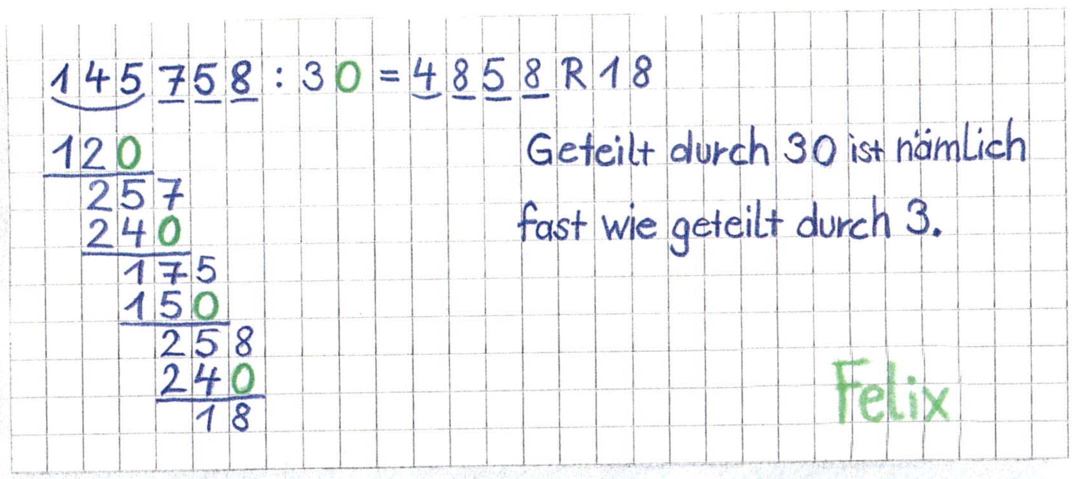

Was meint er damit?

(1) Teile 145 758 durch 6 und 60, durch 7 und 70 und durch 9 und 90.
Was fällt dir auf?

(2) Teile 141 120 durch 10, 20, 30, 40, 50, 60, 70, 80 und 90.

(3) Felix will auch durch andere zweistellige Zahlen teilen.

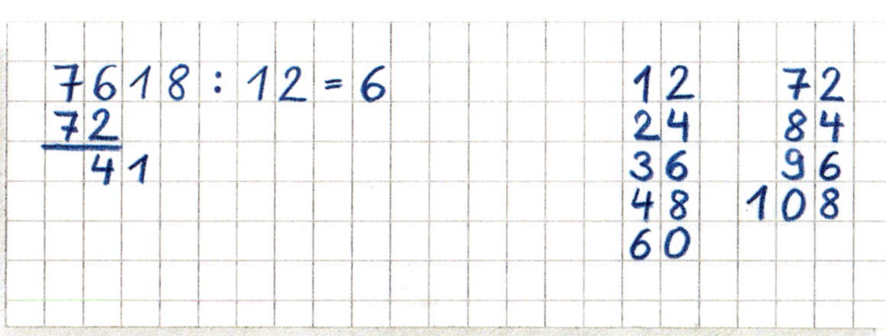

Wie geht es weiter? Rechne zu Ende.

(4) Teile 6045, 2312 und 8497 durch 11 und durch 12.
Versuche auch einmal, diese Zahlen durch 25 zu teilen.

Das „magische“ Ei

Liebe Irina!

Frohe Ostern mit dem „magischen Ei“!

Du weißt, dass aus Eiern Vögel ausschlüpfen. So wird es dich auch nicht erstaunen, dass du Vögel aus diesem Eier-Puzzle ausbrüten kannst.

Viel Spaß dabei!

Tante Lisa

(1) Das sind Irinas Vögel. Du kannst sie nachlegen oder selbst welche „ausbrüten“.

(2) a) So kannst du selbst ein Ei konstruieren:

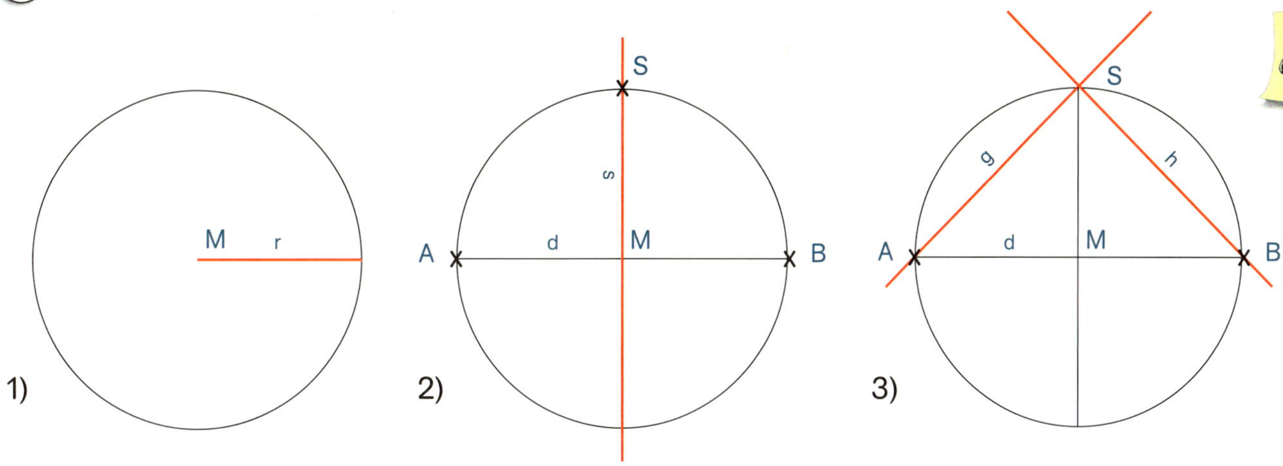

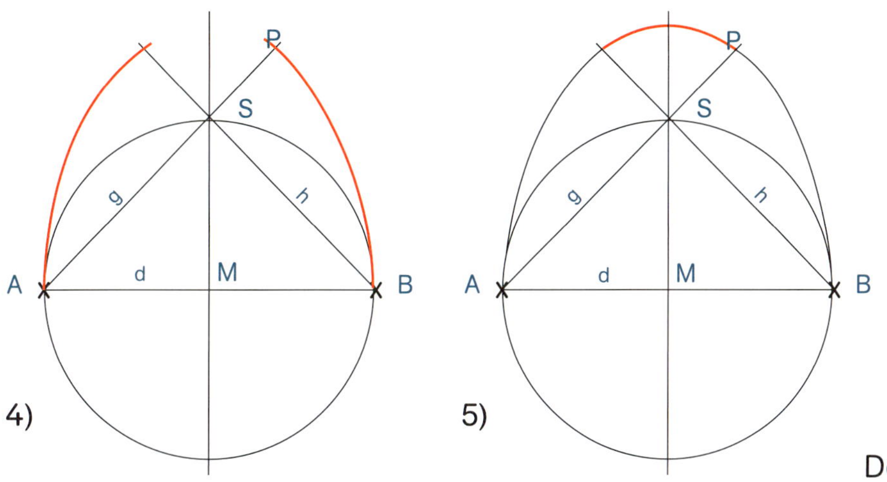

Das Ei ist fertig!

b) Leider sind die Sätze, die zu den Abbildungen gehören, ein wenig durcheinander geraten. Kannst du sie wieder zuordnen?

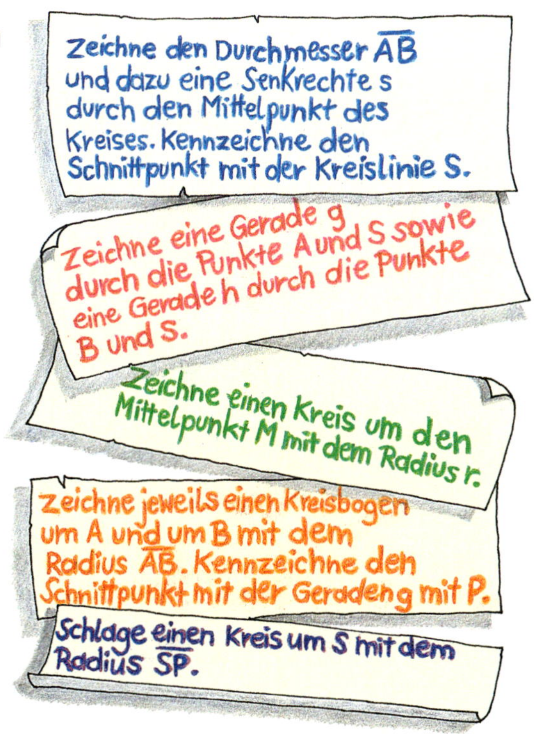

Textaufgabenwerkstatt:

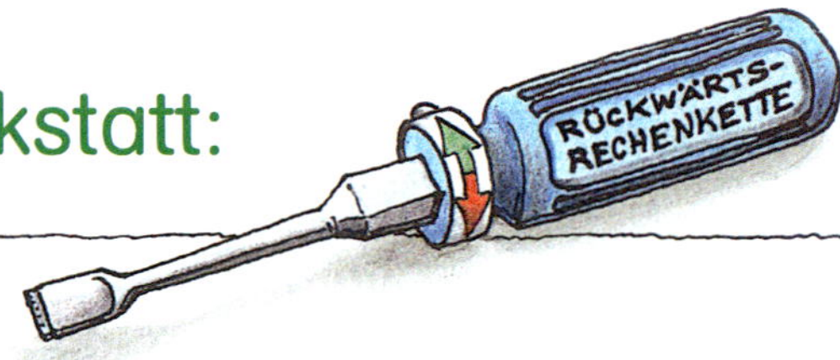

1 Wie heißen die Zahlenrätsel zu diesen Rechenketten?

$x \xrightarrow{\cdot 5} \square \xrightarrow{-33} 122$ $\quad$ $x \xrightarrow{+999} \square \xrightarrow{:20} 50$ $\quad$ $x \xrightarrow{:2} \square \xrightarrow{:5}$?

2 Löse die Zahlenrätsel. Was musst du beim Rückwärtsrechnen bedenken?

Ich denke mir eine Zahl, dividiere sie durch 3, subtrahiere dann 19 und erhalte 81.

Wenn ich von meiner Zahl das Dreifache von 150 subtrahiere, erhalte ich 2620.

Wenn ich meine Zahl durch 6 dividiere, danach 738 addiere, das Ergebnis mit 5 multipliziere, erhalte ich 3700.

3 Denkt euch selbst Zahlenrätsel aus.

4 Hier hilft keine Rechenkette!

Vier Zahlen ergeben zusammen 5 000.
Die erste heißt 972; die zweite Zahl ist doppelt so groß wie die erste Zahl.
Die dritte Zahl ist der vierte Teil der ersten Zahl.
Wie heißt die vierte Zahl?

Wie könnte Felix weiterrechnen?

5 Hier hilft nur Nachdenken!

A+B+C+D+E
A ist die Hälfte von E.
Die Summe aller Zahlen ist 25.
B ist die größte einstellige Zahl, die es gibt.
B, D und E ergeben zusammen 20.
B ist das Dreifache von A.
Wie heißt C?

Weißt du, welchen Buchstaben Olgun meint?

6 *Irinas Opa hat einen Garten. Dort hält er Hühner und Kaninchen. Irina will wissen, wie viele Hühner und Kaninchen er hat. Da schmunzelt der Opa: „Du hast doch Rätsel so gern. Also: Zusammen haben sie 18 Köpfe und 64 Beine.“*

a) Zuerst versucht Irina es mit einer Skizze.
Doch sie kommt nicht weiter.
Dann probiert sie es so:

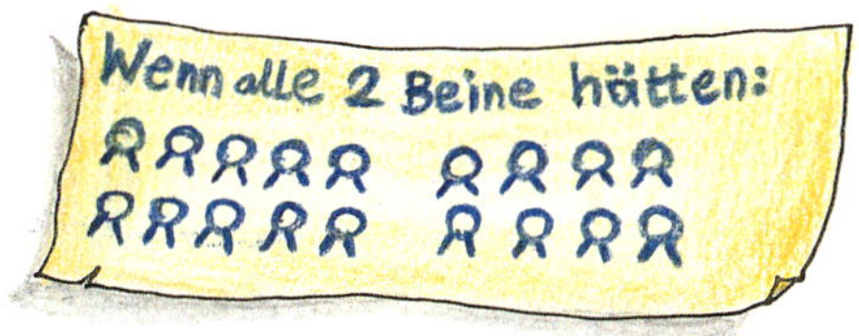

Wie könnte sie weiter überlegen?

b) Nun denkt sich Irina ein Rätsel aus:

*Auf einer Koppel ärgern sich die Pferde über die Fliegen.
Es sind 32 Köpfe und 178 Beine.
Wie viele Pferde und Fliegen sind es?*

Kannst du das Rätsel lösen? Wie hat Irina die Zahlen für ihr Rätsel wohl gefunden?

c) Macht euch selbst Rätsel. Ihr könnt z.B. diesen Text nehmen:

*In einem Schuppen sind Katzen und Spinnen.
Zusammen haben sie .... Beine, aber nur .... Köpfe.
Wie viele Katzen und Spinnen sind in dem Schuppen?*

7 Olgun knobelt lieber mit Geldstücken. Er hat sich dieses Rätsel ausgedacht:

*Ich habe 22 5-Cent-Münzen, Rosa hat 18 10-Cent-Münzen.
Stell dir vor, ich würde jeden Tag eine von meinen Münzen ausgeben und Rosa eine von ihren.*

a) Am wievielten Tag hätte ich mehr Geld als Rosa?

*b) Was wäre, wenn ich 25 2-Cent-Münzen hätte und Rosa 16 5-Cent-Münzen und jeder immer 2 Münzen ausgibt?
Am wievielten Tag hätte ich dann mehr Geld als Rosa?*

Überlege, wie du rechnen willst, z. B. mit einer Tabelle oder indem du die Münzen aufmalst. Vielleicht kennst du auch noch einen anderen Weg?

Wie viel Wasser brauchen wir?

Die Matheprofis machen an ihrer Schule ein Projekt zum Thema Wasser. Von den Stadtwerken bekamen sie dieses Plakat.

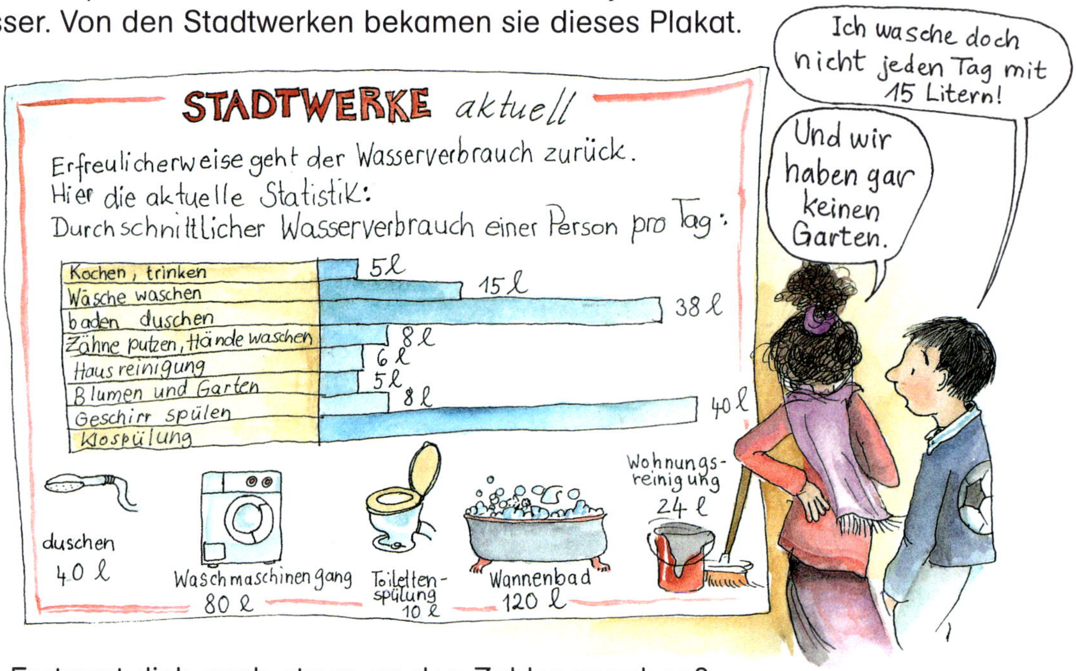

1. Erstaunt dich auch etwas an den Zahlenangaben?
   Welches Problem haben Olgun und Rosa?
   Vergleiche die Angaben: Welche findest du besonders hoch, welche niedrig?

2. Hier wurde der Verbrauch einer 5-köpfigen Familie in einer Woche gemessen: Wie kommen die unterschiedlichen Messwerte an verschiedenen Tagen wohl zustande?

	Mo	Di	Mi	Do	Fr	Sa	So
baden, duschen	140 l	135 l	130 l	145 l	265 l	520 l	145 l
Wäsche waschen	60 l		60 l		120 l	10 l	

3. Was bedeutet „Durchschnittlicher Wasserverbrauch einer Person pro Tag“?

   a) Um den Verbrauch pro Kopf aus der Tabelle zu errechnen, musst du jede Tagesmenge durch die Anzahl der Familienmitglieder teilen.
   Berechne den Verbrauch pro Kopf für jeden Tag.

   b) Um den durchschnittlichen Tagesverbrauch einer Person aus der Tabelle zu errechnen, musst du den Verbrauch pro Kopf in einer Woche zusammenrechnen und durch die Anzahl der Wochentage teilen.
   Berechne den durchschnittlichen Verbrauch einer Person pro Tag.
   Vergleiche deine Ergebnisse mit dem Schaubild oben. Was stellst du fest?

4. Bei „Tipps zum Wassersparen“ fanden Rosa und Olgun diese Übersicht.

Ein sparsamer Haushalt verbraucht pro Person und Tag nur so viel Wasser:

kochen, trinken: 5 l	Wäsche waschen: 10 l	baden, duschen: 30 l
Zähne putzen,...: 4 l	Hausreinigung: 4 l	Blumen, Garten: 0 l
Geschirr spülen: 6 l	Klospülung: 16 l	

   a) Erstelle ein Schaubild wie oben. Vergleiche die Schaubilder.

   b) Wie viel Wasser kann so pro Tag, pro Woche ... eingespart werden?

In manchen Ländern ist Wasser knapp, auch wenn es manchmal heftig regnet.

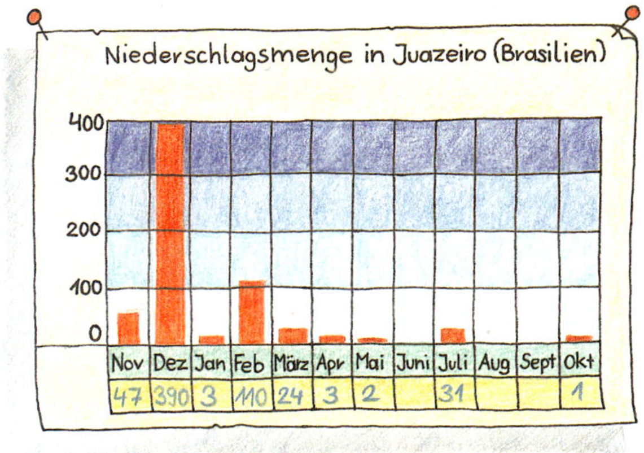

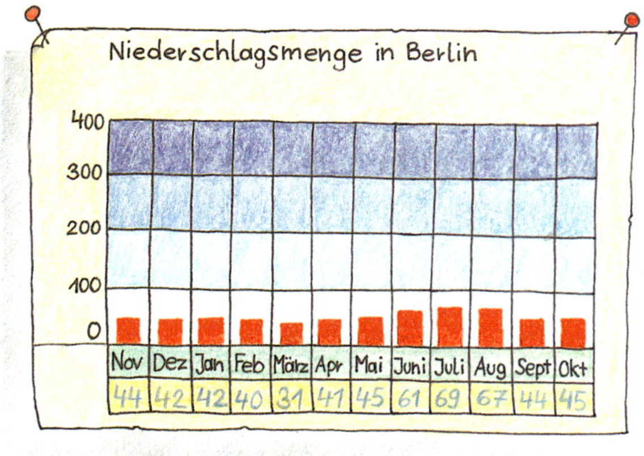

Was könnt ihr aus den beiden Tabellen ablesen?
Welche Unterschiede fallen euch auf?

(5) Die Tabellen zeigen, wie viel Liter Wasser in jedem Monat auf einen Quadratmeter gefallen sind.

a) Wie viel Wasser ist im Jahr 2000 jeweils in Brasilien und in Berlin insgesamt auf einen Quadratmeter gefallen? Vergleiche die Mengen.

b) Die Monate April bis September entsprechen genau einem halben Jahr. Wie viel Regen fällt in dieser Zeit in Brasilien? Vergleiche mit dem Dezember.

c) Kannst du jetzt erklären, warum es in Brasilien Probleme mit dem Wasser gibt?

(6)

Seit einigen Jahren werden in manchen Gegenden Brasiliens Zisternen (das sind große Wasserbehälter) gebaut.
Darin wird Regenwasser gesammelt, das auf die Dächer der Häuser fällt.
Es bleibt sauber und verdunstet nicht.

a) Du weißt, wie viel Wasser in Juazeiro in einem Jahr auf einen Quadratmeter fällt. Wie viel Wasser kann dann von einem Dach mit der Fläche von 50 Quadratmetern gesammelt werden?

b) Die Menschen in Brasilien gehen sehr sparsam mit dem Wasser um. Sie brauchen pro Kopf nur 10 Liter pro Tag. Reicht das gesammelte Wasser für ein Jahr, wenn damit eine 8-köpfige Familie versorgt wird?

Entdeckungen an einem Kunstwerk

Max Bill: Konstruktionen um das Thema 3 : 4 : 5

1. Was fällt euch an dem Kunstwerk auf?
   Schreibt eure Beobachtungen auf und besprecht sie.

2. Legt Teile des Bildes mit Faltpapierquadraten nach.

3. Sucht in dem Bild verschieden große Quadrate und vergleicht sie miteinander.
   Vergleicht z. B. alle weißen Quadrate oder alle Quadrate mit buntem Rand.
   Sucht Möglichkeiten, ihre Flächengröße (ihren Flächeninhalt) genau anzugeben.

4. Was könnten die Zahlen 3, 4, 5 im Titel dieses Bildes bedeuten?
   Vergleicht die Seitenlänge der Quadrate.

5. Sucht euch verschieden große Quadrate in dem Bild aus. Umfahrt diese Quadrate mit dem Finger. Die Gesamtlänge dieser durch das Umfahren zurückgelegten Strecke nennt man Umfang. Das kleinste Quadrat hat den Umfang 4 (4-mal die Seitenlänge des kleinsten Quadrats).

   a) Bestimmt den Umfang der anderen Quadrate.

   b) Welchen Umfang hat das gesamte Bild?

(6) a) Welcher Bildausschnitt ist hier links abgebildet?

b) Mit wie vielen kleinen Quadraten könntest du diese Fläche auslegen?

c) Wie könntest du den Umfang des Rechtecks angeben?

(7) a) Schätze, wie viele Kästchen auf die rechte Fläche passen. Überprüfe deine Schätzung. Du kannst das Quadrat aufzeichnen und zerschneiden und die Teile neu zusammensetzen. Du kannst auch messen

b) Gib den Flächeninhalt der Dreiecke in Einheitsquadraten und ihren Umfang in Einheitslängen an.

(8) a) Untersuche, welche Fläche größer ist – die rote oder die blaue? Wie kannst du das herausbekommen?
Tipp: Wenn du die Figuren auf Karopapier zeichnest, kannst du ihren Flächeninhalt leichter bestimmen.

b) Kannst du auch ihren Umfang bestimmen?

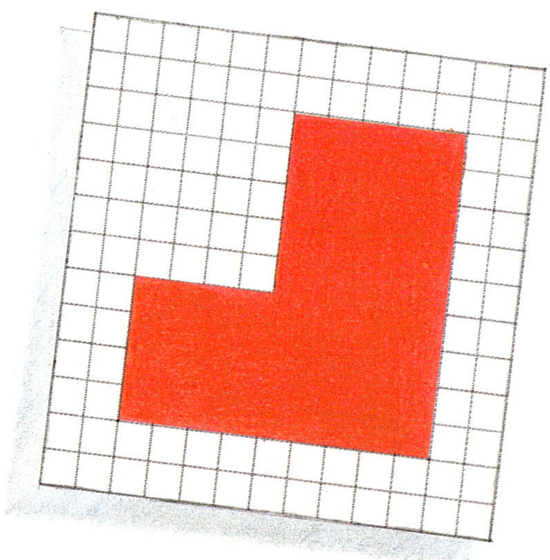

(9) Umrande in deinem Heft Quadrate, die 13 x 13 Karos groß sind.
Zeichne anschließend in diese Quadrate …

a) … Figuren, die so groß sind wie die rote Fläche,

b) … Figuren, die so groß sind wie die blaue Fläche.

(10) Zeichne Figuren mit einem Flächeninhalt von 60 Karos.

Flächen vergrößern und verkleinern

Rune Mields: Die Weizenkornlegende, 1978

Die Weizenkornlegende

Vor vielen, vielen Jahren erfand ein kluger Mann das Schachspiel. Er führte es dem König vor. Der war von diesem Spiel sehr angetan. Er stellte dem Mann für diese Erfindung einen Wunsch frei, der ihm in jedem Falle erfüllt werden sollte. Der Erfinder überlegte eine Weile und äußerte dann seinen Wunsch: „Gib mir für das erste Feld des Schachbrettes ein Weizenkorn, für das zweite doppelt so viel wie für das erste, für das dritte wiederum doppelt so viel wie für das zweite und so fort bis zum letzten der 64 Felder.“ Da war der König erstaunt! So viel konnte das doch gar nicht sein, dachte er.

Denkt ihr auch wie der König?

(1) Mit viel Geduld und einem Taschenrechner kannst du ausrechnen, wie viele Weizenkörner auf dem letzten Feld liegen würden.

(2) Rune Mields hat die Weizenkornlegende bildlich dargestellt. Sie hatte die Idee, statt eines Weizenkorns ein kleines Quadrat zu zeichnen und 64-mal zu verdoppeln. Es entstanden vier Bilder. Das letzte ist oben abgebildet. Was könnte hier dargestellt sein?

(3) a) So begann Rune Mields ihr erstes Bild. Nehmt einen Bogen Millimeterpapier und versucht es nachzugestalten.

b) Vergleicht die Flächen. Beschreibt, wie sich Länge und Breite der Flächen verändern. Schreibt auf, wie oft das kleinste Quadrat in die anderen Figuren passt.

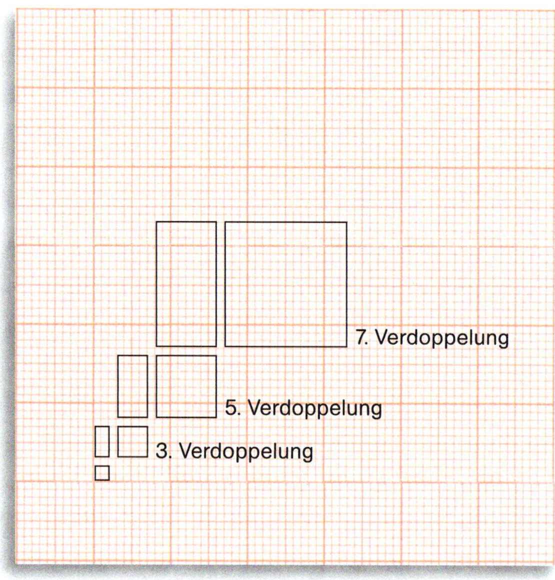

Fläche	Breite in mm	Länge in mm	Flächeninhalt in Millimeterquadraten
1	2	2	4
2	2	4	8
3	4	4	16
…	…	…	…

Wenn man, vom kleinsten Quadrat ausgehend, fortgesetzt verdoppelt, entsteht zum Schluss ein Rechteck, das etwa 4295 km breit ist und doppelt so lang. Europa passt in dieses Rechteck hinein. Genau das hat Rune Mields mit ihrem letzten Bild dargestellt.

④ Irina hat eine Regel gefunden, wie sie ein Haus vergrößern kann.

a) Wie sieht wohl das fünfte Haus aus? Zeichne es in dein Heft.

b) Vergleiche die Höhe der Häuser.
Wie hoch ist wohl das zehnte, fünfzehnte, dreißigste … Haus?
Findest du die Regel?

1. Haus	3
2. Haus	
3. Haus	
4. Haus	
5. Haus	

c) Vergleiche die Größe der Häuser. Trage die Anzahl der Kästchen in eine Tabelle ein.

1. Haus	1	4	5
2. Haus	4	16	
3. Haus			
4. Haus			
5. Haus			

d) Sieh dir die Zahlen in den beiden ersten Spalten an und beschreibe, wie sie sich verändern.

e) Was vermutest du? Wie groß ist wohl das sechste Haus? Und das zehnte? Zeichne zur Kontrolle beide Häuser in dein Heft. Bestimme den Flächeninhalt (Anzahl der Kästchen).

⑤ Mit Karopapier kann man auch verkleinern. Überlege dir Figuren, die man gut auf Karopapier zeichnen kann. Zeichne sie anschließend halb so groß in dein Heft.

Ein Mathe-Geburtstag

Herzlichen Glückwunsch!

Felix wird heute 3636 Tage alt.
Wer kann ausrechnen, wann Felix geboren wurde?
Auch die anderen Profis überlegen, wie viele Tage sie alt sind.

1. a) Welche Jahre waren seit eurer Geburt Schaltjahre?
   b) Wie hat Irina gerechnet? c) Wie rechnet Rosa weiter? Wie rechnet Olgun?

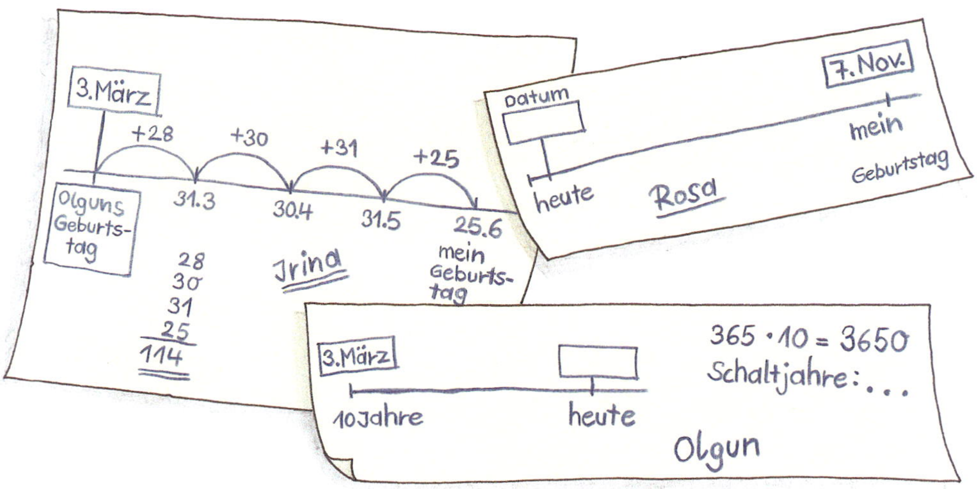

2. Und wie viele Tage seid ihr heute alt?
   Macht für eure Klasse eine Tages-Geburtstags-Tabelle.
   a) Berechnet euer Alter in Tagen und das Datum eures 3 636-Tage-Geburtstags. Wer schon älter als 3636 Tage ist, darf sich auf seinen 4 000-Tage-Geburtstag freuen.
   b) Kontrolliert das Ergebnis des Nachbarn und tragt eure Ergebnisse in die Tabelle ein.

Name	Alter in Tagen	Tag des 3636-Tage-Geburtstags	Tag des 4000-Tage-Geburtstags
Felix	3636	6. 4.	8.3.

   c) Wer von euch ist bereits 10 Jahre alt?

   d) Denkt euch Fragen für eure Klasse aus, die man direkt aus der Tabelle oder mithilfe einer Rechnung beantworten kann.

3. Wie rät man ein Geburtsdatum?

Multipliziere die Zahl des Monats mit 5.
Addiere 7.
Multipliziere die Summe mit 4.
Addiere 13.
Multipliziere nun mit 5.
Addiere dann die Zahl des Tages.
Subtrahiere noch 205 und notiere das Ergebnis.
Nun kannst du den Geburtstag ablesen.
Zum Beispiel: [11 13]: 13. November
[1 04]: 4. Januar

Probiere es mit den Geburtstagsdaten deiner Freunde und Verwandten. Schreibe die Rechnung auf.

4. Tante Lisa reist gern.
Neulich war sie in den USA und in Kanada.
Dort schrieb man ihren Geburtstag so:
in den USA May 17th 1976 oder 5-17-76
und in Kanada 76-17-5.
Wann wurde Tante Lisa geboren?
Wie alt ist sie heute?

Für Tante Lisa

Geburtsdatum: (17) △5 [1976]

Liebe Tante Lisa,
herzlichen Glückwunsch zum Geburtstag!
Ich habe ein Zauberquadrat für dich gemacht.
Du musst die Felder ausrechnen und immer eine Reihe addieren. So kannst du deine Glückszahl finden. Ich habe es nämlich so gemacht, dass in jeder Reihe die gleiche Summe rauskommt. Oder habe ich mich verrechnet?

Deine Irina

(17) + (17) + [1976] − △5	[1976]	(17) + [1976] − △5 − △5
[1976] − △5 − △5	(17) + [1976] − △5	(17) + (17) + [1976]
(17) + [1976]	(17) + (17) + [1976] − △5 − △5	[1976] − △5

5. Welches ist Tante Lisas Glückszahl?

6. Hat Irina wirklich ein Zauberquadrat gemacht? Begründe.

7. Versucht selbst ein Zauberquadrat mit eurem Geburtsdatum zu machen.
Achtet auf ○ △ ▭.

Wer hat die höchste Glückszahl in eurer Klasse?

Und wer kennt diesen Herren?

Rund um die Erde …

Rosa hat ein Gedicht gefunden und daraus ein Rätsel gemacht.

(1) Welche Zahlen passen in die Lücken des Gedichts? Schätze zuerst.
So kannst du es herausfinden:
Ein Mensch geht ungefähr 4 km in der Stunde.
Die Bahn fährt ungefähr 100 km in der Stunde.
Ein Flugzeug fliegt ungefähr 1 000 km in der Stunde.
Die Lichtgeschwindigkeit beträgt etwa 300 000 km in der Sekunde.

(2) Könnt ihr die Fragen beantworten?

(3) a) Wie viele Tage und Stunden wäre
- das Flugzeug
- die Eisenbahn

rund um die Erde unterwegs?

b) Wie viele Tage wäre wohl ein Mensch zu Fuß unterwegs?

(4) Große Entfernungen – kaum bemerkt

Habt ihr schon einmal darüber nachgedacht, wie weit euer Auto schon gefahren ist?
Schaut auf den Kilometerzähler. Wie weit ist es schon gefahren?
Macht eine Klassentabelle mit den Kilometer-Angaben und vergleicht sie.

(5) Olguns Vater ist viel mit dem Auto unterwegs. Sein Auto zeigt einen Kilometerstand von 200 000 Kilometern.
Vor 8 Jahren hat er das Fahrzeug gekauft.
Wie viele Kilometer fährt Olguns Vater durchschnittlich in einem Jahr?

(6) a) Vor 3 Jahren hat Rosas Vater ein Auto gekauft, das gut 20 000 km gefahren war. Jetzt zeigt der Kilometer-Stand 56 000 km. Wie viel sind sie pro Jahr gefahren?

b) Überlegt euch ähnliche Aufgaben. Denkt an Kilometerstände, zurückgelegte Kilometer usw. Ihr könnt auch eine Übungskartei erstellen.

Einmal zum Mond und zurück!

Am 16. Juli 1969 startete die Mondrakete Apollo 11 zum Mond. An Bord waren die Astronauten Neil A. Armstrong, Edwin E. Aldrin und Michael Collins. Nach 75 Stunden hatten sie ihr Ziel erreicht: Sie waren auf dem Mond angekommen, rund 400 000 km von der Erde entfernt.

(7) a) Was könnt ihr aus den Zahlenangaben im Text berechnen?

b) Wie viel Zeit ist seit der Mondlandung vergangen?

c) Sammelt Informationen mit Zahlenangaben über die Raumfahrt und den Weltraum und gestaltet damit eine Wandzeitung.

(8) Vergleiche die Entfernung von der Erde zum Mond mit dem Erdumfang. Wie würde ein Gedicht weitergehen, das so beginnt?

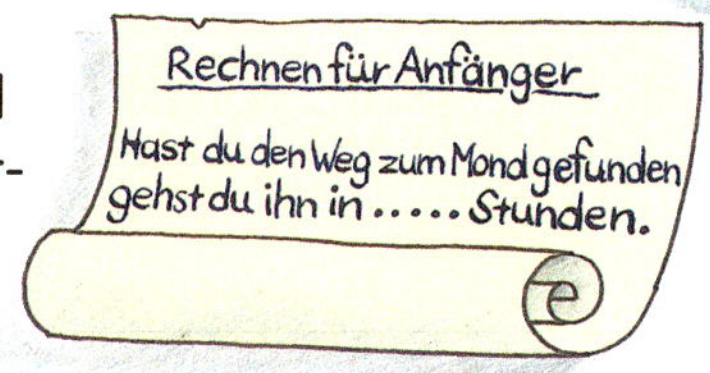

(9) Könnt ihr euch 12 km vorstellen?

a) Überlegt euch einen Ort, der von eurem 12 km weit entfernt ist. Wie lange braucht ihr zu Fuß für 12 km, wie lange mit dem Fahrrad?

b) Sucht Orte auf einer Karte, die 600 km voneinander entfernt sind.

*Wenn man die Erde aus dem Weltall betrachtet, kann man die **Atmosphäre**, einen etwa 600 km dicken Mantel, der die Erde umgibt, fast nicht erkennen. Die unterste Schicht von etwa 12 km Höhe, die so genannte **Troposphäre**, ist für das Leben auf der Erde besonders wichtig. In diesem dünnen Häutchen spielen sich alle Vorgänge ab, die mit dem Wetter zusammenhängen und hier ist fast der gesamte Vorrat der Erde an Luft und Wasserdampf versammelt.*

(10) Hier kommt es auf Kommas, Stellen und Maßeinheiten an.

12 km + 60 m	12 km + 1,2 km	1 000 km + 1 000 m	1,2 km + 6 000 m
12 km + 600 m	12 km + 12 m	1 000 km + 1 000 km	12 km + 6 000 m
1,2 km + 60 m	12 km + 120 m	100 km + 100 m	12 km + 6 000 km
1,2 km + 600 m	12 km + 0,12 km	100 km + 1 000 m	1,2 km + 6 000 km

Fit im Rechnen mit Größen

1. Schreibt Längen, Gewichte oder Literangaben auf Kärtchen.
Sucht zu jeder dieser Größen eine gleich große Angabe in einer anderen Schreibweise.
Nun könnt ihr mit euren Größenpaaren Memory spielen.

2. a) Hier gehören immer 3 Karten zusammen. Findest du sie?

   Besprecht, wie ihr die passenden Karten gefunden habt. Was war schwierig, was war leicht?

   b) Fallen euch noch weitere „Drillinge" ein?

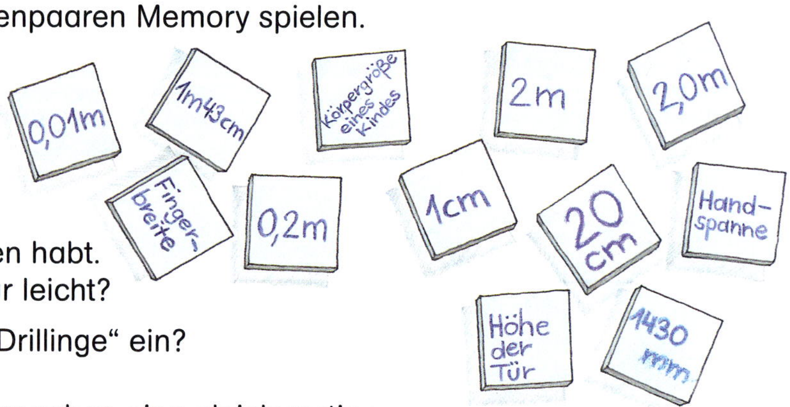

3. Finde zu jeder dieser Größenangaben eine gleichwertige.

4. a) Schau dir die Tabelle an. Was kannst du daraus ablesen?

Längen	m	dm	cm	mm
1km	1000 m			
	100 m	1000 dm		
	10 m	100 dm	1000 cm	
	1 m	10 dm	100 cm	1000 mm
	0,1 m	1 dm	10 cm	100 mm
	0,01 m	0,1 dm	1 cm	10 mm
		0,01 dm	0,1 cm	1 mm

b) Macht euch selbst solche Tabellen für Gewichte (t – kg – g) und für den Rauminhalt (l – ml).

c) Die Tabellen helfen beim Umrechnen.

1 m = ___ dm
1 m = ___ cm
1 t = ___ g
1 l = ___ ml

120 dm = ___ m
1400 cm = ___ m
8000 g = ___ kg
2000 ml = ___ l

d) Schreibe ohne Komma:

1,03 m = ___ m ___ cm
1,025 kg = ___
2,04 t = ___
0,008 l = ___

5) Wie lässt sich mit Größen geschickt rechnen?

Welche Rechnung stammt von Felix, Rosa und von Paula?

201 cm + 5 dm
2 m 1 cm + 50 cm =
2 m 51 cm = 2,51 m

201 cm + 5 dm
2,01 m
+ 0,50 m
2,51 m

201 cm + 5 dm
201 cm
+ 50 cm
251 cm
oder 2,51 m

Wie rechnest du? Schreibe deinen Lösungsweg auf.

a) 18,3 cm + 17 mm
b) 2 m – 45 cm
c) 1,4 m + 14 m
d) 42,780 kg – 1050 g
e) 3430 g + 0,5 kg
f) 0,7 l + 75 ml

6) a) Vergleicht die Rechenwege der Matheprofis beim Malnehmen.

13,25 m · 6

13,25 m · 6
79,50 m

1325 cm · 6
7950 cm

13 m · 6 = 78 m
25 cm · 6 = 150 cm
78 m + 150 cm = 79 m 50 cm

Sprecht darüber, welchen Rechenweg ihr geschickt findet.

b) Rechne auf deine Weise.

3,75 € · 7	6,38 m · 9	3,565 kg · 4	2,56 € · 24	3,130 kg · 12
38,09 € · 4	28,06 m · 3	7,9 kg · 6	30,78 € · 45	3,750 t · 20
167,80 € · 6	48,90 m · 8	6,090 kg · 8	27,08 € · 36	7,8 kg · 56

Nach Berlin mit dem Zug

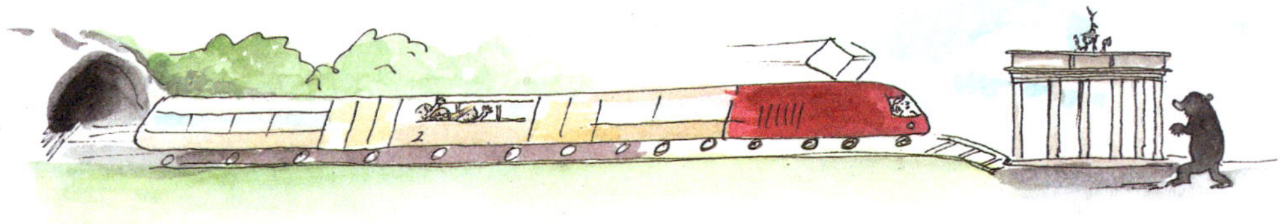

Ihre Auskunft (Einfache Fahrt) — Anfrage | **Auskunft** | Auswahl — **Die Bahn DB**

Halt/Adresse	Datum	Zeit	Gleis	Fahrt	Details
Frankfurt(Main)Hbf	**07.04.02**	**ab 9:22**	14	RE 14174	☐
Kassel-Wilhelmshöhe		an 11:28	9		
Kassel-Wilhelmshöhe		ab 12:04	1	RE 36151	☐
Sangerhausen		an 14:08	3		
Sangerhausen		ab 14:12	2	RE 36088	☐
Magdeburg Hbf		an 15:35	2		
Magdeburg Hbf		ab 15:41	6	RE 38025	☐
Berlin Zoolg. Garten		**an 17:12**	2		

Felix und Irina fahren mit Paula zu deren Mutter nach Berlin. Dort dürfen sie eine Woche Ferien verbringen. Sie fahren mit einem „Schönes-Wochenende-Ticket“, das für alle zusammen nur 28 € kostet. Sie starten von Frankfurt aus. Die Fahrt dauert ziemlich lange.

1. Beschreibe, wann und wo sie umsteigen müssen.

2. a) Wie oft müssen sie umsteigen?
   b) Wie viel Aufenthalt haben sie jeweils?
   c) Von welchem Gleis fährt der Zug Richtung Magdeburg?
   d) Wie lange sind sie insgesamt unterwegs?
   e) Wie lange dauern die einzelnen Teilfahrten?

3. Bis Magdeburg hat der Zug 12 Minuten Verspätung.

   a) Wann kommen sie an?
   b) Welchen Zug können sie jetzt nehmen?
   c) Wann muss Paulas Mutter sie nun abholen?

4. Was könnt ihr noch ablesen? Stellt euch weitere Fragen zum Fahrplan.

5. Besorgt euch Fahrpläne. Was könnt ihr ablesen? Was könnt ihr berechnen? Schreibt eine Reisegeschichte.

Abfahrt Departure Magdeburg Hbf

Zeit Time	Zug Train	Richtung Destination	Gleis Track
16.00			
16.00	IR 2332	Helmstedt 16.28 – Braunschweig Hbf 16.51 – Peine 17.07 – Hannover Hbf 17.30 – Nienburg(Weser) 18.10 – Verden(Aller) 18.28 – Bremen Hbf 18.50 – Delmenhorst 19.02 – **Oldenburg(Oldb) 19.21** ⊙	6
16.01	**RE** 2631	*OSTFRIESLAND* Brandenburg Hbf 16.42 – Potsdam Hauptbahnhof 17.07 – Berlin Wannsee 17.16 – Berlin-Charlottenburg 17.27 – Berlin Zoologischer Garten 17.47 – **Berlin Ostbahnhof 18.01** ⊙	7
16.03	IR 2039	Köthen 16.33 – Halle(Saale)Hbf 16.57 – Leipzig Hbf 17.31 – Riesa 18.18 ⊙ **Dresden Hbf 19.07**	3
16.04	**RB** 37068	Wolmirstedt 16.18 – Stendal 16.53 – Salzwedel 17.43 – **Uelzen 18.33** Zugteilung in Stendal: 1.Zugteil nach Wittenberge,2.Zugteil nach Uelzen	2
16.06 Mo - Fr	**RB** 37213	Biederitz 16.16 – **Loburg 16.59**	8
16.08	**RB** 36527	Schönebeck(Elbe) 16.19 ⊙ Calbe(Saale) Ost 16.30 – Köthen 16.46 – **Halle(Saale)Hbf 17.16**	5 a
16.12	**RE** 36091	Schönebeck(Elbe) 16.23 – Staßfurt 16.39 – Güsten 16.47 ⊙ Hettstedt 17.07 – **Sangerhausen 17.36**	4
16.12	**RE** 36131	Biederitz 16.21 – Gommern 16.30 – Güterglück 16.39 – Zerbst 16.47 – Roßlau(Elbe) 16.57 – Dessau Hbf 17.02 – Roßlau(Elbe) 17.13 – Coswig(Anh) 17.29 – **Lutherstadt Wittenberg 17.45**	Mo-Fr 6 b Sa, † 6
16.15 Mo - Fr	**RB** 36790	**Haldensleben 16.39** Hält nur in Magdeburg-Neustadt und Barleben.	2
16.15	**RE** 36016	Oschersleben(Bode) 16.42 – Halberstadt 16.58 ⊙ Quedlinburg 17.22 – **Thale Hbf 17.40**	5 b
16.15	S	**Schönebeck(Elbe) 16.33**	1
16.18 Mo - Fr	**RB** 37325	Biederitz 16.28 – **Burg(Magdeburg) 16.43**	6 a
16.22	S	Wolmirstedt 16.37 – **Zielitz 16.44** 1	1
16.28	**RB** 37024	Eilsleben(Magdeb) 16.57 – Helmstedt 17.13 – **Braunschweig Hbf 17.44**	8
16.38	**RB** 36416	Haldensleben 17.11 – **Oebisfelde 17.47** 2	2
16.41	**RE** 38027	Burg(Magdeburg) 16.56 ⊙ Genthin 17.11 – Brandenburg Hbf 17.31 – Potsdam Hauptbahnhof 17.52 – Berlin Wannsee 18.00 – Berlin Zoologischer Garten 18.12 – Berlin Ostbahnhof 18.27 – Fürstenwalde(Spree) 19.04 – **Frankfurt(Oder) 19.43**	7
16.44	**RB** 36348	Blumenberg 17.10 – Oschersleben(Bode) 17.25 – **Halberstadt 17.47**	5

Nach Istanbul mit dem Auto

Olgun war in den Sommerferien in der Türkei:

Streckeninfo — schnelle Strecke

Start: (Detailkarte) — **Frankfurt Am Main (D.)** <Frankfurt am Main>

Ziel: (Detailkarte) — **Istanbul (TR),** Gaziosmanpasa

Distanz: **2 230,8 km**

Fahrzeit: **26:10**

Eingaben ändern — Rückreise — Neue Route

Ort	Entfernung ab Frankfurt (km)	Zeitdauer ab Start
Frankfurt		
Offenbacher Kreuz	10	0:09
Autobahnkreuz Nürnberg	211,7	2:10
Autobahnkreuz Regensburg	322,2	3:16
Grenzübergang Suben (Österreich)	459,5	4:38
Knoten Wels	530,4	5:22
Graz	774,7	7:39
Grenzübergang Spielfeld (Slowenien)	794	8:26
Maribor	815	8:49
Grenzübergang Gruskovje (Kroatien)	827,5	9:05
Zagreb	900,4	10:10
Grenzübergang Lipovac (Jugoslawien)	1290,4	13:04
Beograd	1517,8	14:27
Nis	1620,8	16:39
Grenzübergang Dimitrovgrad (Bulgarien)	1703,7	18:21
Sofia	1863,4	19:52
Plovdiv	1992,8	21:27
Grenzübergang Edirne (Türkei)	1992,8	23:36
Kinali	2169,4	25:25
Istanbul	2230,8	26:10

Er hatte sich auf die lange Fahrt bestens vorbereitet.
Diese Informationen zur Fahrtstrecke fand er im Internet.

1. Schau in die Tabelle. Was bedeuten die Zahlen? Wie werden die Zeitspannen hier angegeben?

2. Versuche die Fragen zu beantworten. Welche Angaben brauchst du dazu?
   a) Durch welche Länder fahren sie?
   b) Wie viele km fahren sie in den verschiedenen Ländern?
   c) Wie lange dauert die reine Fahrzeit in den verschiedenen Ländern?
   d) Wie viele km fährt man laut Routenplaner in etwa 10 Stunden?
   e) Wie viele Kilometer wären sie dann im Durchschnitt pro Stunde gefahren?

Für Zeitspannen und Zeitpunkte findet man manchmal diese Schreibweise: 8:49.
Wir schreiben Zeitpunkte so: 8.49 Uhr
und Zeitspannen so: 8 h 49 min.

3. In Wirklichkeit haben sie für die Fahrt 3 Tage gebraucht. Überlegt: Woran kann das gelegen haben?

Nach Rom mit dem Flugzeug

Rosa fliegt mit ihrem Papa zur Oma nach Rom.

① Sie lesen die Anzeigetafel.

a) Was können sie ablesen?

b) Wie viel Vespätung hat ihr Flugzeug?

② Um sich die Zeit zu vertreiben, machen sie ein Spiel. Sie nennen es „Flugzeiten-Kniffel". Knifflig ist es, weil dabei die Zeitverschiebung berücksichtigt werden muss.

von Frankfurt nach	Abflug (MEZ)*	kürzeste Flugdauer Direktflug	Zeitunterschied MEZ-Ortszeit	Ankunft Ortszeit
Casablanca	12:15	3 h 40 min	1 h früher	
New York	14:15	8 h 35 min	6 h früher	
Tokio	14:35	11 h 20 min	7 h später	
London	15:05		1 h früher	15:40
Chicago	15:35	9 h 10 min	7 h früher	
Moskau	16:40		2 h später	22:00
Singapur		11 h 45 min	6 h später	6:35 (nächster Tag)

* MEZ bedeutet Mitteleuropäische Zeit

So hat Rosa ihre Rechnung für das Fluzeug aus Casablanca aufgeschrieben:

Abflug	Flugzeit	Ankunft MEZ	Zeitunterschied	Ankunft Ortszeit
12:15	+ 3h 40 min →	☐	− 1h →	☐

Kannst du die fehlenden Angaben für die anderen Orte berechnen?

Weil sie noch Zeit haben, schauen sie sich auf dem Flughafen um.
Sie finden ein Informationsblatt mit
interessanten Zahlenangaben.

Der Airbus A 380 ist das größte Passagierflugzeug der Welt. Es ist 73 m lang, 24 m hoch und hat eine Spannweite von 80 m. Es ist damit 15 m breiter, 2 m länger und 4 m höher als das bisher größte Flugzeug der Welt, die Boeing 747.
Es kann bis zu 853 Passagiere aufnehmen, in der Boeing waren es 550.
Um einen Passagier 100 km weit zu fliegen, braucht der Airbus ca. 3 l Flugbenzin.

Gewicht beim Start	*590 t*
Gewicht bei der Landung	*427 t*
Leergewicht	*261 t*

(3) Wer genau liest und rechnet, kann diese Fragen beantworten:

Wie lang ist die Boeing 747?
Wie hoch ist die Boeing 747?
Wie viele Passagiere kann der Airbus mehr mitnehmen als die Boeing?
Wie viel wiegt das Flugbenzin? Tipp: Schau dir Start- und Landegewicht an.
Wie viel wiegen Passagiere, Personal, Gepäck und Verpflegung?
Wie viel Flugbenzin benötigt der Airbus, um 853 Passagiere 100 km weit zu fliegen?

Schreibe die Lösungswege und die Antworten auf.

Kreismuster – Mehrfachspiegelungen

1. Arbeitet wie die Matheprofis. Schneidet euch einen großen Kreis und Formenplättchen aus und legt selbst Kreisbilder.
Versucht die Unterschiede zwischen den Mustern zu beschreiben.

2. Beschreibe ein Kreisbild so,
dass dein Partner es nachlegen könnte, ohne es zu sehen.
Findest du Symmetrieachsen? Überprüfe deine Vermutung mit einem Spiegel.

3. Nimm zwei Spiegel und stelle sie so auf, dass das gesamte Kreisbild sichtbar wird.
Bei welchem Muster ist das nicht möglich?

4. Suche das Grundmuster und zähle, wie oft es gespiegelt wird.

5. Schaue dir an, wie die Spiegelachsen stehen.
Zu welchem Kreisbild passen sie jeweils?

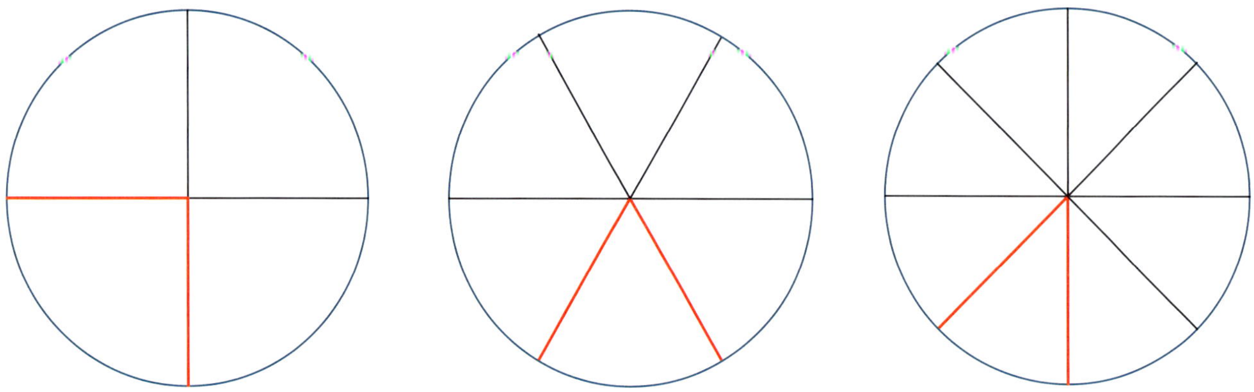

(6) Betrachte die Muster mit zwei Spiegeln. Zeichne einige der entstandenen mehrfachsymmetrischen Muster auf.

(7) Übertrage die Figuren in dein Heft und spiegele sie entlang der Achsen.

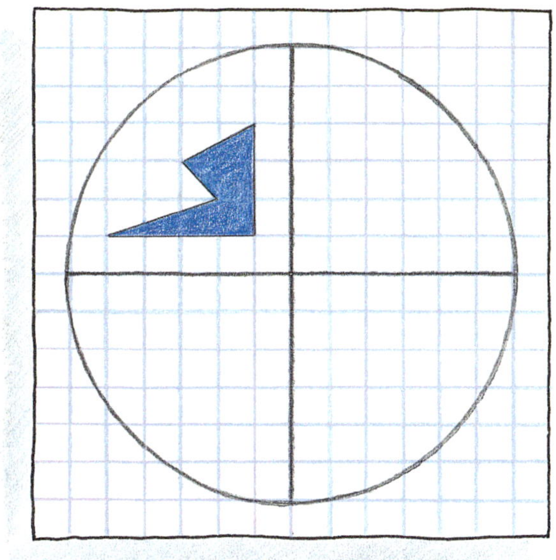
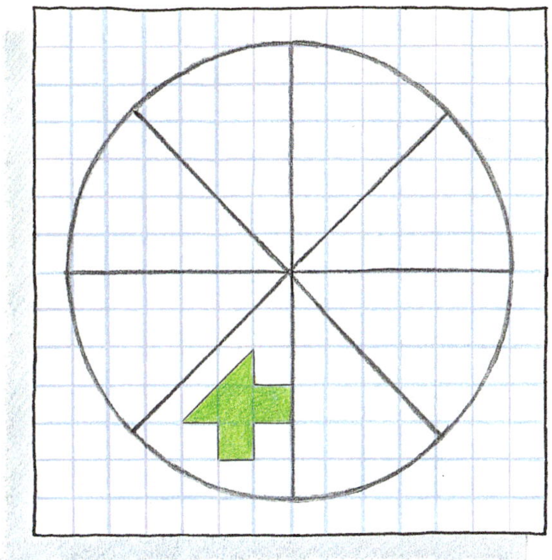

(8) Bei Faltschnitten, Mandalas und Kirchenfenstern lassen sich meist mehrere Spiegelachsen entdecken. Findest du sie?

Fensterrose im südlichen Querschiff von Notre Dame in Paris, um 1270

Zweierlei Symmetrien

Schaut euch die Buchstaben in den Bildern an. Wie stehen sie zueinander?
Für eine Anordnung kennt ihr bereits einen Namen, die andere müsst ihr mit eigenen Worten beschreiben.

1. Wähle in jedem Bild zwei Buchstaben aus und überlege, wie du einen der Buchstaben bewegen oder spiegeln musst, damit er auf dem anderen zu liegen kommt.

2. Figuren drehen
Zeichne ein Quadrat mit einem Muster und schneide es aus. Drehe es nun um einen Eckpunkt. Wie oft musst du es drehen, damit du wieder in der Ausgangslage ankommst? Zeichne die entstandenen Bilder nacheinander auf Gitterpapier.

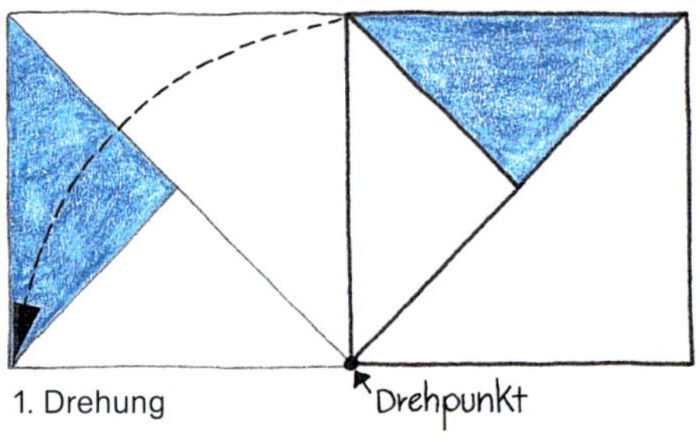

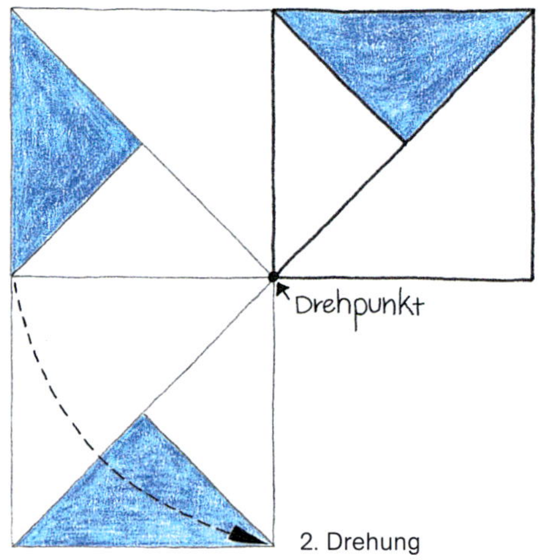

Muster, deren Teile sich durch Drehen aufeinander abbilden lassen, heißen drehsymmetrische Figuren.

3. Schau genau hin, vermute und überprüfe mit einem Spiegel.
Welches Muster ist … a) achsensymmetrisch, b) drehsymmetrisch, c) achsen- und drehsymmetrisch, d) nicht symmetrisch?

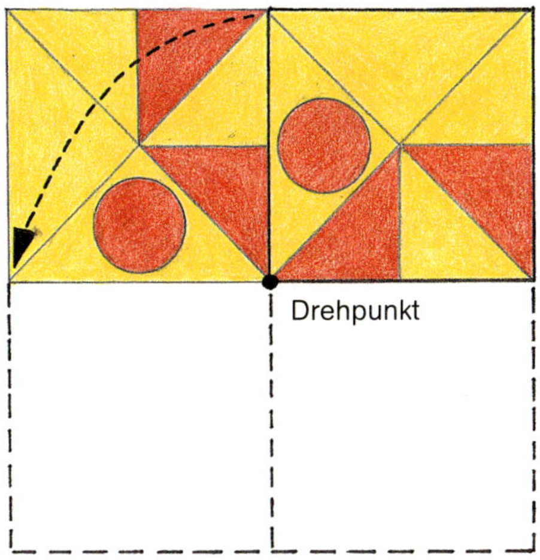

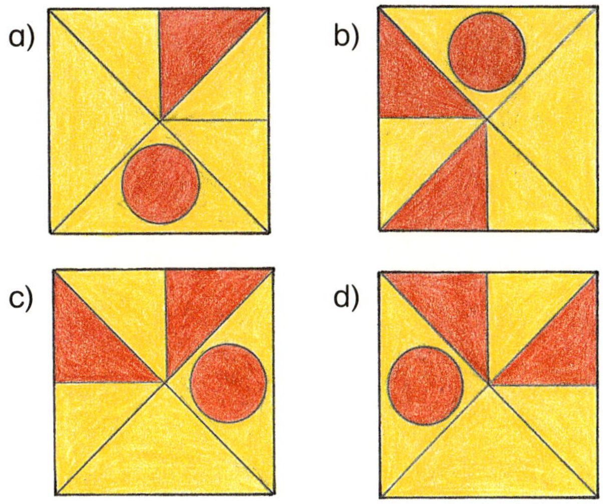

(4) Wie geht es weiter? Welche Muster passen in die leeren Felder?
Zeichne die Gesamtfigur in dein Heft.

(5) a) Übertrage die Figuren auf ein Punkteraster und spiegele an zwei Achsen.
b) Drehe die Figuren um den Drehpunkt.

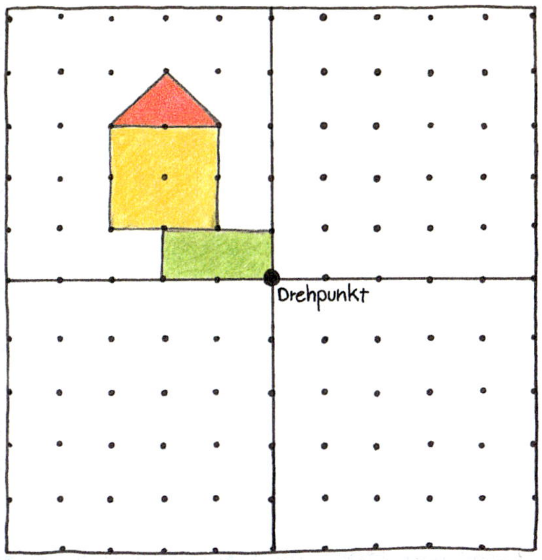

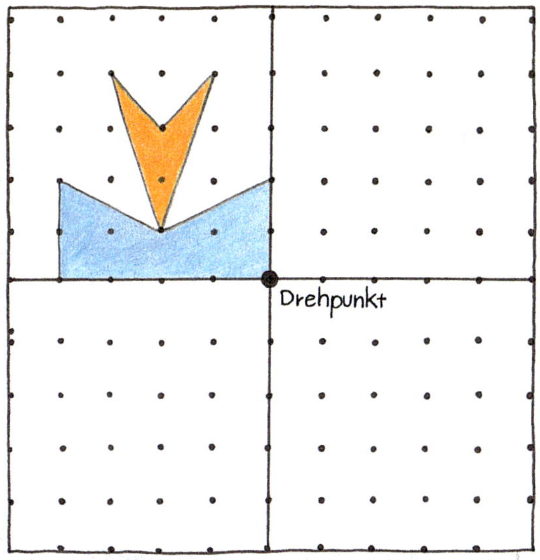

(6) Zeichne verschiedene Windräder mit Schablone.

Taschenrechner

1 Rechne mit diesen Tasten. Was bedeutet?

[+] [×] [−] [÷] [•] [CE]

Probiere:

[3] [+] [4] [=] [1] [2] [÷] [6] [=]

[3] [×] [4] [=] [1] [2] [−] [6] [=]

[2] [0] [÷] [6] [CE] [5] [=]

Einige Zeichen sind anders, als wir sie sonst schreiben:

[÷] geteilt (:), [×] mal (·), [•] Komma (,).

2 Du darfst nur eine Operation ausführen, um von der Startzahl zur Zielzahl zu gelangen.

Startzahl		Zielzahl
7776777	? →	7777777
9876543	? →	3262121

3 Versuche, nur mit [0] [1] [+] [−] [×] [=] die Zahlen 99, 121, 890, 1121, 1901, 109 zu erzeugen.

4 Multipliziere die folgenden Zahlen mit 111:
43, 27, 54, 72, 81, 35. Was fällt dir auf?

5 Welche Operationszeichen musst du drücken? a) 37 ▢ 21 ▢ 223 = 1 000

b) 7 ▢ 36 ▢ 48 = 300 c) 148 ▢ 210 ▢ 90 = 268 d) 158 ▢ 50 ▢ 2 = 58

e) 210 ▢ 50 ▢ 30 ▢ 28 ▢ 48 = 210 f) 158 ▢ 2 ▢ 50 = 266 g) (158 ▢ 50) ▢ 2 = 104

h) Versuche mit 6 Zahlen und 5 Rechenoperatioen deiner Wahl 100 000 zu erreichen.

Bingo!

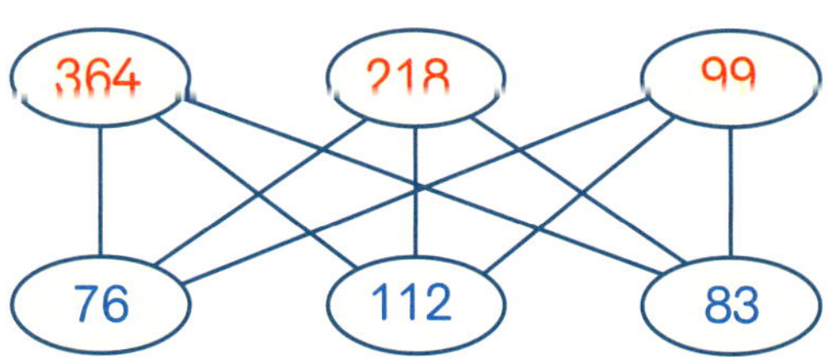

Spielt abwechselnd.
Jeder nimmt eine blaue Zahl mit einer roten Zahl mal. Gewonnen hat, wer zuerst drei Ergebnisse in einer Reihe gelöst hat: Bingo!

(6) 1 2 3 4 5 6 7 8 9

a) Bilde aus den Ziffern 1 bis 9 zwei zweistellige Zahlen und multipliziere sie. (Du darfst jede Ziffer nur einmal benutzen!) Wie kannst du möglichst nahe an 1 000 herankommen? Schreibe deine Aufgaben auf.

b) Probiere es auch mit zwei dreistelligen Zahlen. Du musst dann nahe an 100 000 herankommen.

(7) Welche Ziffern fehlen? Probiere mit dem Taschenrechner.

93 · 8_ = 7 _ _8	83_ · _9 = 41 013	36 · 19_ = _9_2
9_ · 274 = 2_ 304	37 · _56 = 16 8_ _	52_ · 36 = 18 7_6

(8) Finde große Zahlen, die durch 4, 6, 9, 13 teilbar sind.

(9) Überprüfe mithilfe des Taschenrechners:
13 685 : 17 = 805   88 858 : 77 = 1 155   48 256 : 29 = 1665   64 715 : 43 = 1 505

(10) Sachaufgaben mit dem Taschenrechner
Schreibe deine Zwischenrechnungen auf.

a) Wie viele Sekunden hat ein Jahr?
b) Wie viele Stunden schläfst du in einem Jahr?
c) Denke dir weitere interessante Aufgaben aus, die du mithilfe des Taschenrechners lösen kannst.

Alte Rechenmaschinen

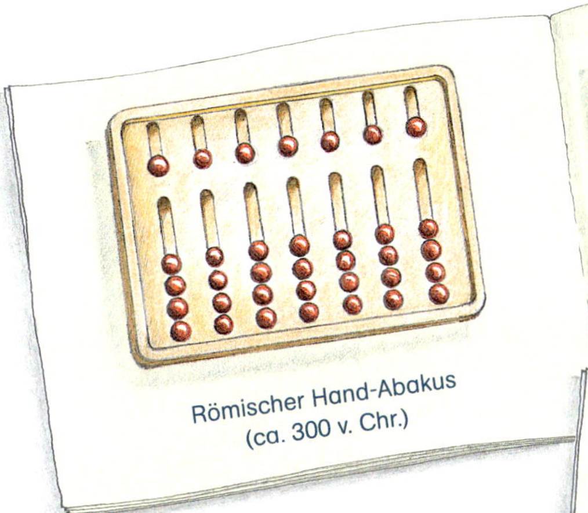

Römischer Hand-Abakus (ca. 300 v. Chr.)

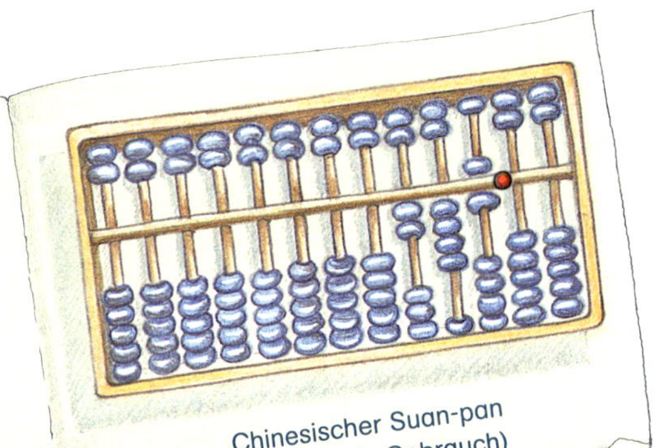

Chinesischer Suan-pan (bis heute in Gebrauch)

Auf der rechten Seite ist die Zahl 246 eingestellt. Kannst du sie erkennen, wenn du vor den Punkt schaust?

Rechenmaschinenerfinder

Schon seit langem hat es Menschen interessiert, das Rechnen Maschinen zu übertragen. Aber zuerst mussten diese Maschinen gebaut werden. Es gab sehr unterschiedliche Modelle. Die ersten waren mechanisch. Heute gibt es elektronische wie den Taschenrechner.

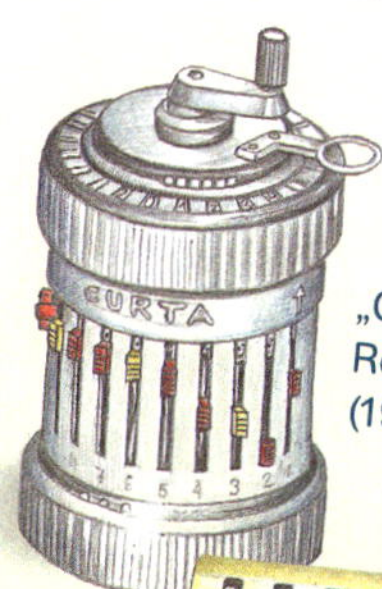

„Curta"-Rechenmaschine (1948)

„Golden-Gem"-Additionsmaschine (1904)

1. Kannst du in den einzelnen Aufgaben die passenden Zahlen für x finden? Schreibe deine Rechnungen auf.

$5\,300 + x = 10\,000$ $x - 2\,300 = 2\,300$ $8\,300 = x - 1\,700$ $x : 40 = 70$ $54\,000 : x = 90$

Manchmal hilft die Umkehraufgabe bei der Lösung.

2. Welche Zahlen musst du für x einsetzen, damit die Waagen im Gleichgewicht sind? Bei jeder Waage bedeutet x eine andere Zahl. Tipp: Wenn du beide Seiten der Waage vergleichst, musst du gar nicht viel rechnen.

linke Seite	rechte Seite
$7 \cdot 40$	$x \cdot 70$
$300 \cdot 50$	$3 \cdot x$
$6 \cdot 16$	$x \cdot 8$
$x : 50$	$350 : 5$
$80 \cdot x$	$4 \cdot 800$
$10 \cdot x$	$5 \cdot 80$
$240 : 8$	$120 : x$
$4 \cdot 18$	$2 \cdot x$
$x \cdot 17$	$2 \cdot 34$
$78 : 6$	$x : 12$

Schreibe so als Zahlensatz (Gleichung):

$7 \cdot 40 = \_\_\_ \cdot 70$

3. Durch das Zahlentor

$7 \cdot 10 < 500 \quad x = 10$
$7 \cdot 20 < 500 \quad x = 20$
$x = \{10, 20, \dots\}$

a) Welche Zehnerzahlen passen noch durch Felix' Maschine? Schreibe alle Lösungen für x in so eine Klammer: { }.
b) Welche Zehnerzahlen von 10 bis 90 kannst du bei diesen Aufgaben für x einsetzen?

$2340 + x > 2400$ $7800 - x < 7740$ $240 : x > 2$ $x \cdot 30 > 1500$

Bei den Aufgaben dieser Seite muss man kombinieren können!

① Wie schwer ist die Ananas, wenn jeder Apfel 100 g wiegt?

② Wie viel wiegt eine Tomate, wenn die Gurke 200 g wiegt?
Wie viel wiegt der Blumenkohl? (Alle Tomaten wiegen gleich viel!)

③ Buchstabenrätsel

Jeder Buchstabe stellt eine bestimmte Ziffer dar. Du kannst sie herausfinden, indem du dein Wissen über Zahlen benutzt. Beginne mit einem Päckchen, für das du eine Lösungsidee hast. Überlege, welche Zeile du schon lösen kannst. Das Ergebnis hilft dir dann beim Lösen der anderen Zeilen.

④ Wer knackt diese Zahlenrätsel?

Textaufgabenwerkstatt: Skizzen

Rosas Kinderzimmer soll renoviert werden.

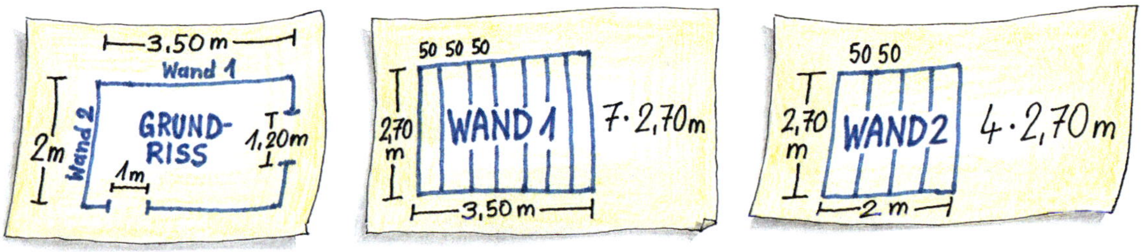

① a) Wie sieht wohl Rosas Skizze von der 3. und 4. Wand aus?
Sie tut so, als ob das Zimmer keine Tür und kein Fenster hätte.

b) Helfen dir Rosas Skizzen bei der Lösung? Wie rechnet sie wohl?

c) Wie würdest du es zeichnen und wie berechnest du, wie viel Tapete sie brauchen?

② Was wäre, wenn Rosas Zimmer 2,50 m lang, 4 m breit und 3,10 m hoch wäre?

③ Den neuen Teppichboden legen sie selber. Für den Fußboden hat sich Rosa Teppichfliesen in altrosa gewünscht. Eine Fliese ist 30 cm · 30 cm groß.
„Jetzt rechne einmal aus, wie viele Fliesen wir brauchen," sagt ihre Mama.
„Das geht ja gar nicht auf," stellt Rosa fest.
„Ja, einige müssen wir dann eben kleiner schneiden," meint die Mama.

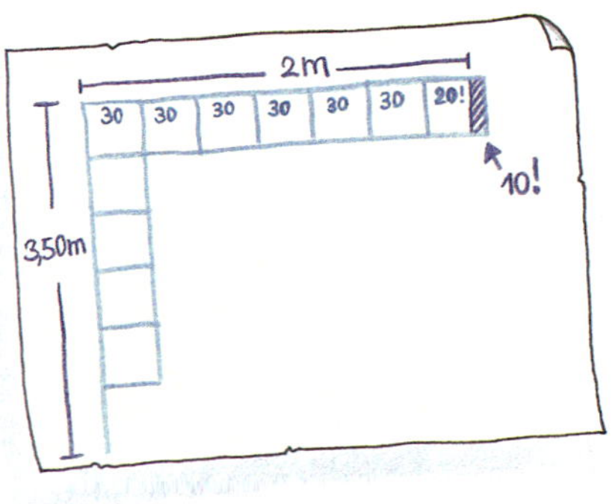

a) Was hat sich Rosa da wohl gedacht? Wie würdest du es zeichnen?
Wie viele Fliesen brauchen sie?

b) Rosa denkt: „Wenn wir Fliesen genommen hätten, die 40 cm · 40 cm groß wären, hätten wir weniger zu schneiden." Stimmt das? Mache eine Skizze.

c) Denke dir Länge und Breite eines Zimmers aus, das du fliesen willst. Du kannst wählen, ob die Fliesen 30 cm · 30 cm oder 40 cm · 40 cm groß sein sollen. Mache eine Skizze.

Zeitplanung gar nicht einfach

(1) Wann kann Irina frühestens beim Friseur sein?

Irina will zum Friseur. Vorher hat sie um 14.30 Uhr noch Reitstunde. Diese dauert 50 min. Vom Reitstall bis zum Friseur fährt sie 20 min mit dem Bus. Der Bus hält direkt vor dem Reitgelände. Er fährt ab 13.08 Uhr alle 15 min. Wenn sie aussteigt, muss sie noch 5 min zum Friseur laufen.

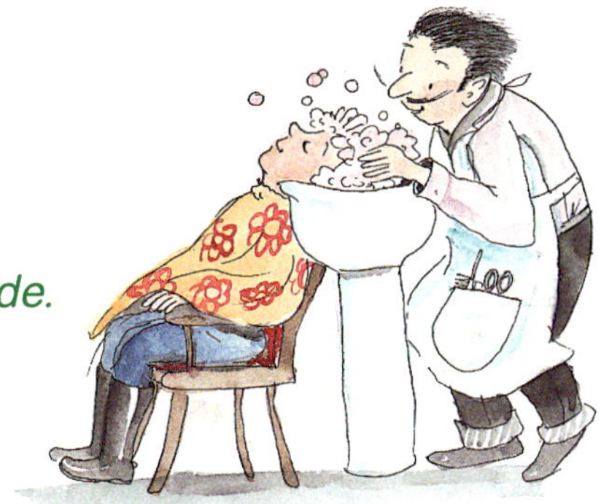

Irina macht sich eine Tabelle. So will sie berechnen, wann sie frühestens beim Friseur sein kann. Was muss sie alles beachten? Bedenke auch, dass sie noch das Pferd absatteln und putzen muss, dass sie sich dann waschen und umziehen muss und dass sie auch noch ein Schwätzchen mit dem Stallmeister halten will.

	Zeitpunkt	Zeitdauer
Reitstunde	Beginn: 14.30 Ende: 15.20	50min
Absatteln Putzen	Beginn: Ende:	

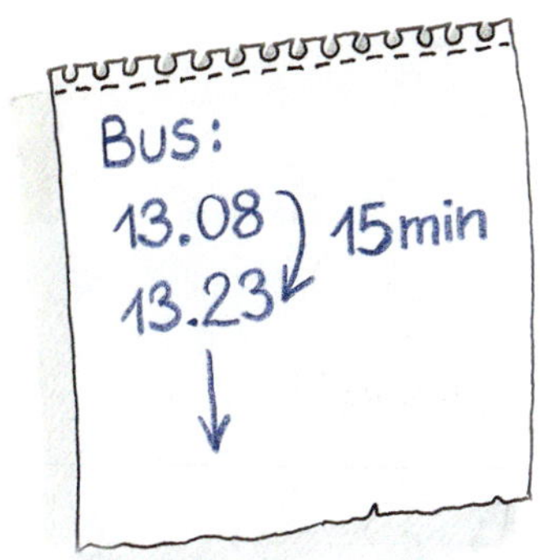

a) Wie würdest du die Tabelle fortsetzen?

b) Was wäre, wenn die Reitstunde um 12.15 Uhr begänne?

(2) *Erreichen sie den Zug noch?*

Familie Wanderlust macht einen Ausflug. Sie gehen um 8.30 Uhr los. Nach 4 Stunden sind sie 16 km gewandert. Nun machen sie eine Pause.

a) Setze die Rechengeschichte fort. Überlege dir vorher eine Rechenfrage.

b) Besprecht eure Rechengeschichten in einer Konferenz, verbessert sie und hängt die schönsten aus.

(3) Denkt euch eigene Rechengeschichten aus, zum Beispiel, dass Olgun zum Fußballspiel will und vorher noch etwas erledigen muss. Oder schreibt eine Geschichte zu eurem eigenen Terminplan.

Gebäude geometrisch betrachtet

Modell und Grundriss der Kirche St. Michael Hildesheim (erbaut 1010–1033)

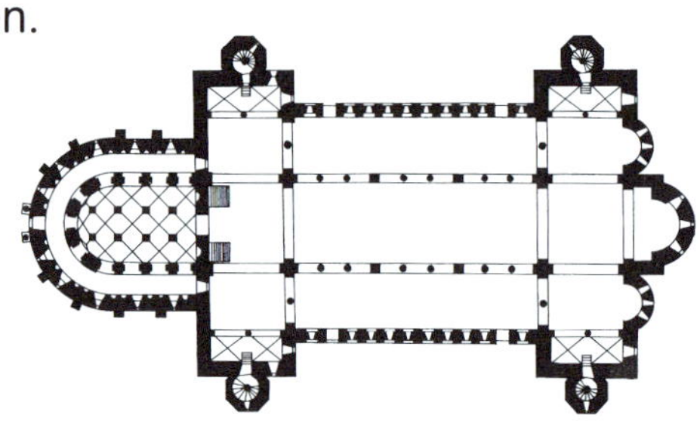

1) Kannst du das Kirchengebäude beschreiben?
Am Modell sind die Gebäudeteile besser zu erkennen.

2) Welche geometrischen Körper kannst du in dem Modell der Kirche wiedererkennen? Gibt es Körperformen, deren Namen du noch nicht kennst? Wie sehen sie aus?

3) Vergleiche den Grundriss mit dem Modell.
Was kannst du aus dem Grundriss erkennen, was nicht?

4) Zeichne den Grundriss aus freier Hand in dein Heft.
Kannst du die Symmetrieachse einzeichnen?
Findest du symmetrische Teilabschnitte?

5) Dächer
Am Modell von St. Michael kannst du Körperformen entdecken, die du auch sonst häufig bei Dächern findest:

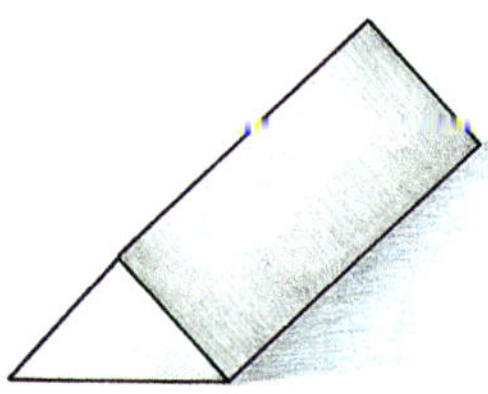

Prisma (Dreieckssäule)

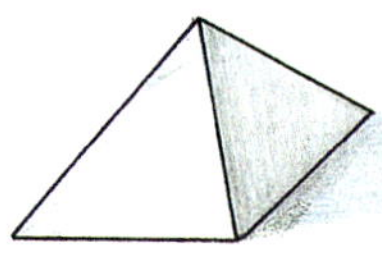

Pyramide (mit quadratischer Grundfläche)

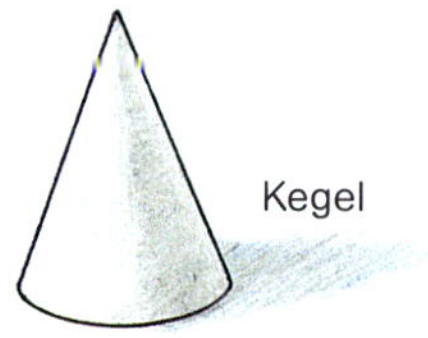

Kegel

Wie viele Prismen, Kegel und Viereck-Pyramiden findest du am Modell?

6) Schau dir auf dem Schulweg die Gebäude genauer an.
Notiere dir, welche geometrischen Körper du wiedererkennst.

Kegel, Säule, Pyramide

Verschiedene Türme

(1) Jeder Turm besteht aus zwei geometrischen Körpern. Welche kennt ihr schon? Die anderen Namen erfahrt ihr aus den Aufgaben (2) und (3).

(2) Körper, deren Grund- und Deckfläche gleich sind, nennt man auch Säulen. Zeichne die Schrägbilder in dein Heft und ordne die Namen richtig zu:

Rundsäule, Sechsecksäule, quadratische Säule, Dreiecksäule, ...?

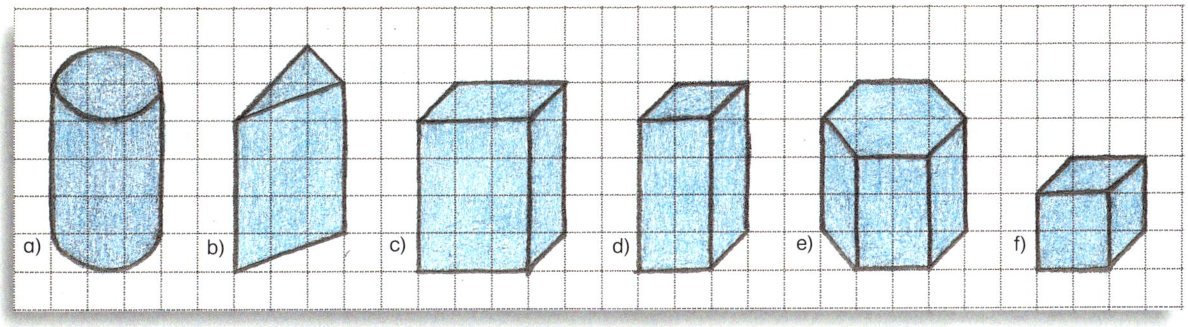

Welche der Körper kennst du schon mit anderem Namen?

(3) Aus diesen Netzen lassen sich verschiedene Pyramiden bauen. Wie unterscheiden sie sich? Welche Pyramide passt auf einen Würfel oder eine quadratische Säule?

Teekesselspiel

Manche Namen für geometrische Körper kennen wir aus dem Alltag.
Dort haben sie oft eine andere Bedeutung.

1 a) Welche „Teekesselchen“ gehören zusammen? Wie heißen sie?
b) Schau dir die Dinge mit gleichen Namen an: Was haben sie gemeinsam? Was unterscheidet sie?

2 Ordnet den geometrischen Körpern ihre Namen zu und überlegt euch „Steckbriefe“.

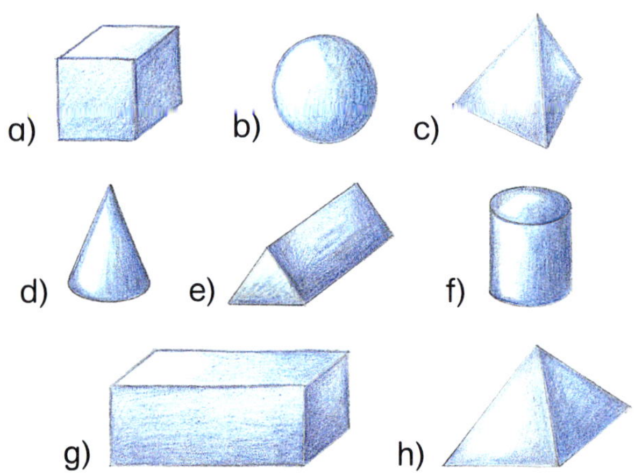

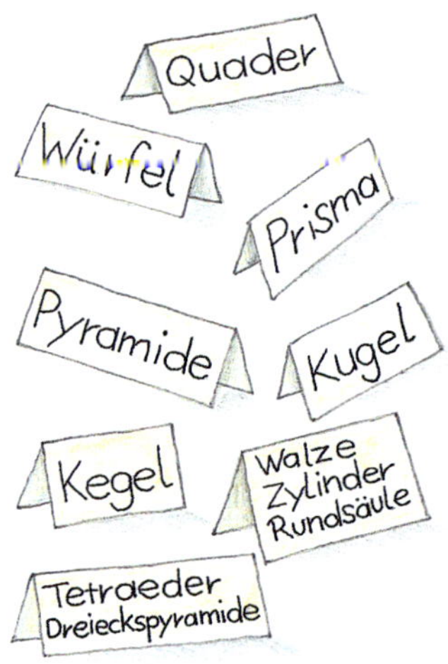

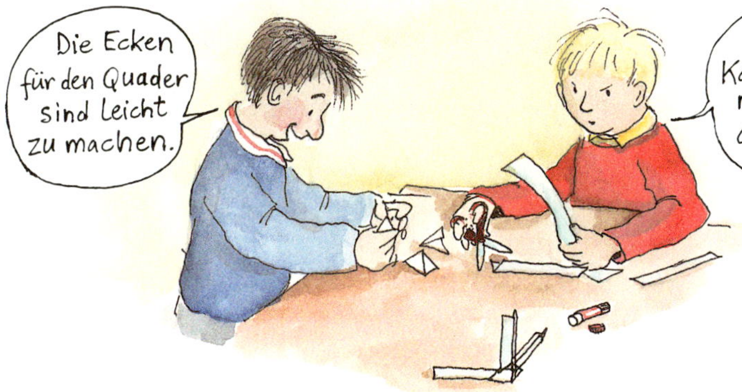

So stellen Felix und Olgun Ecken und Kanten für den Quader her:

zwei Mal falten — einschneiden — übereinander schieben — fertige Ecke

Für die Kanten:

In der Mitte falten und mit einem roten Strich markieren

1 Baue ein Kantenmodell von einem Quader. Kannst du die Fragen im Voraus beantworten?

a) Wie viele Streifen brauchst du?
b) Wie viele gleich lange Streifen müssen es sein?
c) Wie viele Ecken musst du falten?

2 Aus einem gleichseitigen Sechseck kannst du verschiedene Ecken herstellen, für 3, 4 oder auch 5 Kanten. Das geht ganz einfach. Du faltest ein Sechseck dreimal und schneidest eine Faltlinie bis zur Mitte ein.

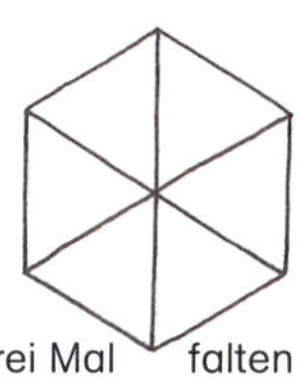

drei Mal falten

a) Für eine Ecke mit 3 Kanten schneidest du 2 Dreiecke ab. Ein Dreieck benutzt du als Klebefläche. Nimm gleich lange Streifen und klebe sie an die Ecken. Baue immer weiter. Welcher Körper entsteht auf diese Weise?

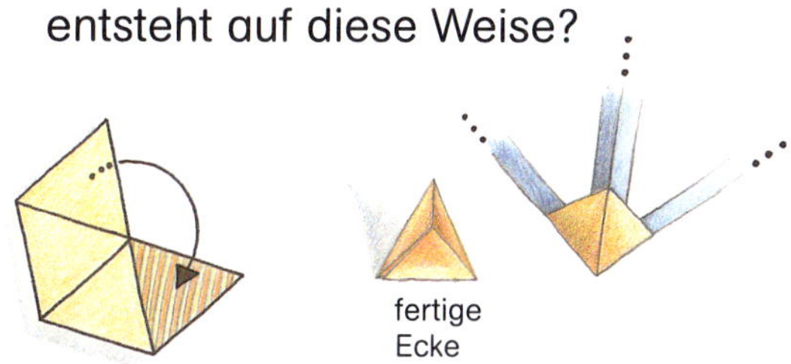

fertige Ecke

b) Für eine Ecke mit 4 Kanten schneidest du nur ein Dreieck ab. Der Körper, der entsteht, heißt Oktaeder. Wie viele Ecken, Kanten und Flächen hat er?

c) Eine Ecke für 5 Kanten kannst du jetzt sicher selbst herstellen. Aber Vorsicht: Für einen solchen Körper braucht man viel Geduld. Er hat 12 Ecken und 30 Kanten!

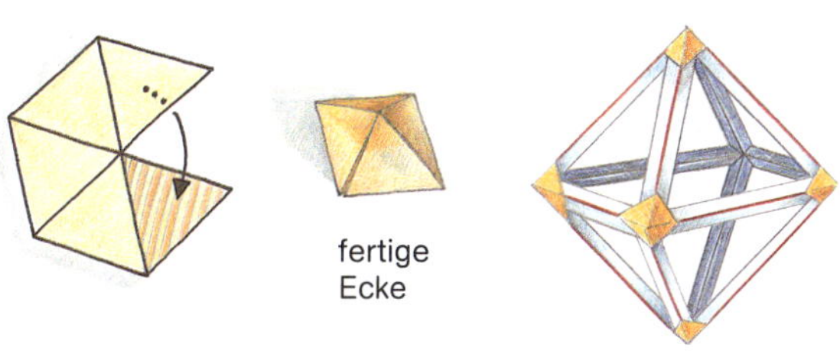

fertige Ecke

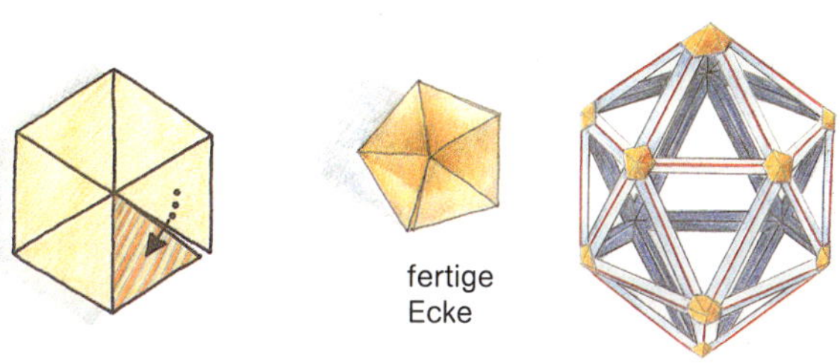

fertige Ecke

Ein Zirkus in unserer Stadt

Besuch beim Zirkus Krambambuli

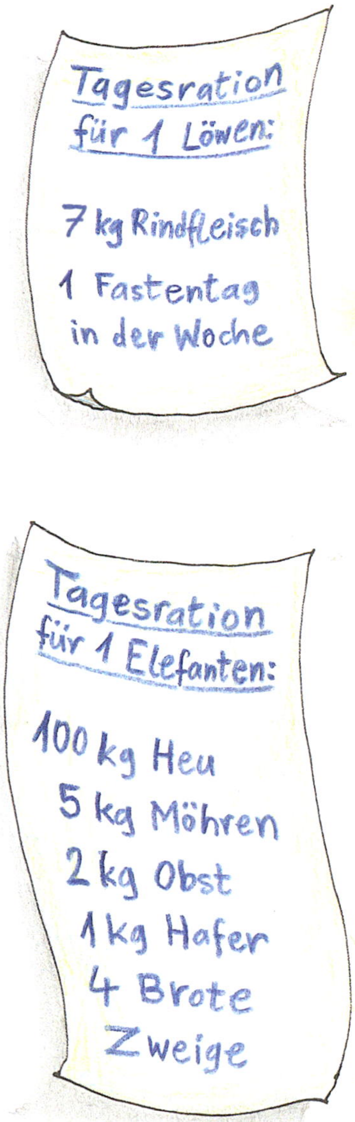

1) Hast du Rosa, Irina und Paula schon entdeckt? Was tun sie gerade? Was machen Olgun und Felix? Sprecht darüber.

2) Die „Matheprofis“ wollen in ihrer Klasse einen Vortrag über den Zirkus halten. Was könnten sie alles berichten?

3) Überlege dir Fragen, die man durch Rechnen beantworten kann, z. B.:

Wie viel Kilogramm Heu werden in einer Woche an die Pferde und Elefanten verfüttert?

(4) Denke dir Rechengeschichten zum Zirkusbesuch aus, z. B.:

Paula und ihr Vater gehen in den Zirkus. Sie kaufen sich Sperrsitzkarten. Paula möchte auch noch in den Streichelzoo. In der Pause kaufen sie Popcorn und für jeden eine Limonade. Wie viel muss Paulas Vater bezahlen?

(5) Kannst du dir vorstellen, warum der Zirkus Geldsorgen hat? Schreibe deine Überlegungen in Stichworten auf.

Wo kommen die Fußbälle her?

Wo kommen die Bälle her?

Wenn eine Fußball-Weltmeisterschaft ansteht, werden weltweit ungefähr 50 Millionen Bälle pro Jahr hergestellt. 40 Millionen kommen aus der Gegend um Sialkot in Pakistan. Von 500 000 Einwohnern arbeiten 25 000 bis 30 000 in der Fußballproduktion, darunter immer noch Kinder im Alter von 5 bis 13 Jahren. Ein Näher kann bei einer Arbeitszeit von 9 bis 10 Stunden täglich 3 bis 5 Bälle zusammennähen.

Immer noch Kinderarbeit

Mohammed ist 12 Jahre alt. Seit 2 Jahren näht er Fußbälle, jeden Tag sieben Stunden. Für einen Ball muss er 32 Kunstlederwaben mit 650 Stichen zusammennähen. Wenn er schnell arbeitet, schafft er 3 Bälle pro Tag und verdient damit 45 pakistanische Rupien (pR). So kann er mithelfen, die 6 000 pR zu verdienen, die seine Familie im Monat zum Leben braucht.

1 a) Welche Zahlen findest du interessant? Finde eine Frage dazu.

b) Überlegt euch interessante Fragen, bei denen man rechnen muss, um die Antwort zu finden.

Wie viele Bälle werden nicht in Pakistan genäht?

Wie viele Bälle hat Mohammed schon genäht?

Wie viel verdient Mohammed in einem Monat dazu?

2) a) Warum vemutet Felix wohl, dass Mohammed freitags nicht arbeitet?

b) Kannst du Irinas Frage beantworten? Vorschlag: Rechne mit 24 Arbeitstagen im Monat.

Fair Pay – Fair Play: Bälle aus fairem Handel

Seit 1998 werden in Europa „fair gehandelte" Bälle verkauft. Ziel des Projekts ist „fair pay", das heißt, dass zwei Näher in einer Familie – nämlich Vater und Mutter – so viel verdienen, dass die Kinder nicht arbeiten müssen. Pro Ball erhalten die Näher deshalb mehr Geld als sonst üblich.

Für einen Trainingsfußball erhält ein erwachsener Näher im fairen Handel 37 pR statt 23 pR. Er kann am Tag etwa 5 Trainingsfußbälle nähen.

Für einen Wettspielball erhält er 65 pR. Er kann aber nur 3 Wettspielbälle am Tag nähen.

3) Warum gibt es fairen Handel? Beantworte die folgenden Fragen:

a) Wie viele pR verdienen 2 Erwachsene (Vater und Mutter) im Monat, wenn sie für den fairen Handel arbeiten? Reicht das für den Lebensunterhalt?

b) Verdient ein Näher mehr, wenn er Trainingsfußbälle oder Wettkampffußbälle fertigt?

c) Überlegt euch weitere Fragen zum Text, die ihr interessant findet.

4) Schaut einmal in den Text auf Seite 100. Was will Felix hier ausrechnen?

$32 \cdot 3 =$
$32 \cdot 3 \cdot 24 =$
$32 \cdot 3 \cdot 24 \cdot 12 \cdot 2 =$

$650 \cdot 3 =$
$650 \cdot 3 \cdot 24 =$
$650 \cdot 3 \cdot 24 \cdot 12 \cdot 2 =$

5) Ein Fußballprofi verdient im Monat ungefähr 200 000 Euro. Wie viele Kinder müssten einen Monat lang arbeiten, um so viel Geld zu verdienen? Rechne mit gerundeten Zahlen.

Überlegen und Probieren

Die Matheprofis haben sich Aufgaben zum Überlegen und Ausprobieren ausgedacht.

1 Paula hat schwierige Aufgaben mit Rechenmauern gefunden:

a) Wie musst du die Zahlen unten einsetzen, damit du oben eine möglichst große Zielzahl erhältst?
Findest du mehrere Möglichkeiten?

13 65 74 84 86

b)

Die drei unteren Zahlen sollen gleich sein.

c)

Die vier unteren Zahlen sollen gleich sein.

d)
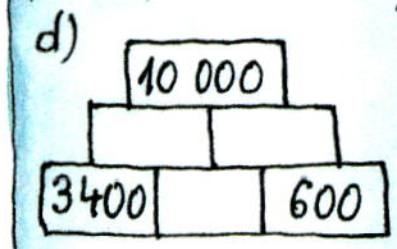

Findest du die fehlenden Zahlen?

e)

Die beiden äußeren Zahlen unten sollen gleich sein.

f)
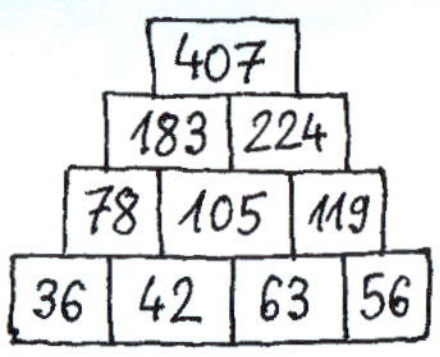

Dies ist meine Ausgangsmauer.

- Erhöhe nun eine der äußeren Zahlen so, dass du als Zielzahl 437 erhältst.
- Erhöhe eine der inneren Zahlen so, dass du als Zielzahl 437 erhältst.
- Erhöhe zwei Zahlen so, dass du die Zielzahl 427 erhältst.

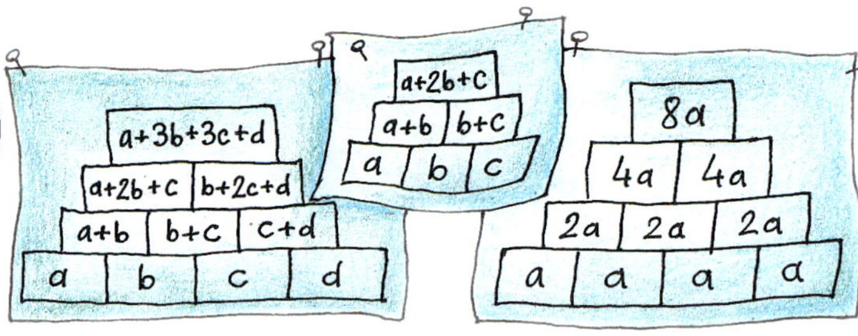

Kannst du dir auch ein Rechenmauer-Rätsel für deine Klasse ausdenken?

2 Felix' Zahlenfolgen zum Knobeln. Findest du die Regel? Wie geht es weiter?

120 127 122 129 124 131 …

110 125 155 200 260 335 …

1 4 2 8 4 16 …

6 36 12 72 24 144 …

1 2 6 24 120 720 …

30 23 46 39 78 71 …

Denke dir auch Zahlenfolgen mit einer besonderen Regel aus. Kann ein anderes Kind sie fortsetzen?

3 Irina hat sich Knobelaufgaben mit Zahlenfolgen nach der Fibonacci-Regel ausgedacht. Findest du die fehlenden Zahlen?

a) 100 – ☐ – 450 – ☐ – ☐

b) ☐ – ☐ – 107 – ☐ – 279

c) ☐ – 36 – ☐ – ☐ – 126

d) 17 – ☐ – ☐ – ☐ – 142

e) ☐ – ☐ – ☐ – ☐ – 175
Die beiden ersten Zahlen sind gleich.

f) ☐ – ☐ – ☐ – ☐ – 136
Die zweite Zahl ist doppelt so groß wie die erste.

g) ☐ – ☐ – ☐ – ☐ – 119
Die erste Zahl ist doppelt so groß wie die zweite.

Mein Tipp: Setze einfach Zahlen ein und probiere aus. Rechne die Folgen immer bis zum Ende aus, auch wenn du merkst, dass du die vorgegebene Zahl nicht erreichst. Schau dir immer die letzte Zahl und die ersten beiden Zahlen gut an und überlege, wie du deine Zahlen verändern musst. Vielleicht entdeckst du dabei etwas.

4 Olgun hat sich besondere Kettenaufgaben mit 5 Zahlen ausgedacht:

5 – 8 – 11 – 14 – 17 Summe: 55

9 – 14 – 19 – 24 – 29 Summe: ?

Ich weiß einen Trick, wie man die Summe ganz leicht finden kann!

a) Erkennst du, wie Olgun seine Kettenaufgaben gebildet hat?

b) Olgun notiert die Rechenregeln für die Kettenaufgaben so:

Startzahl: 5 immer + 3 Summe: 55

Wie heißt die Rechenregel für die zweite Kettenaufgabe?

c) Bilde Kettenaufgaben:

Startzahl: 18	immer + 4	Summe: ☐
Startzahl: 18	immer + 5	Summe: ☐
Startzahl: 18	immer + 6	Summe: ☐

Vergleiche die Aufgaben miteinander. Was fällt dir auf? Kannst du es erklären?

d) Welche Rechenzahl musst du wählen?

18 – ☐ – ☐ – ☐ – ☐ Summe: 210

18 – ☐ – ☐ – ☐ – ☐ Summe: 300

e) Welche Startzahl musst du wählen?

☐ – ☐ – ☐ – ☐ – ☐	Rechenzahl: 6	Summe: 290
☐ – ☐ – ☐ – ☐ – ☐	Rechenzahl: 4	Summe: 115
☐ – ☐ – ☐ – ☐ – ☐	Rechenzahl: 4	Summe: 315

1 Die Matheprofis haben kleine Rechengeschichten zum Thema Rückblick in Zahlen geschrieben. Suche dir die Rechengeschichten aus, die du ausrechnen möchtest. Setze dabei Zahlen ein, die zu dir und deiner Klasse passen.
Du kannst zum Ausrechnen einen Taschenrechner benutzen.

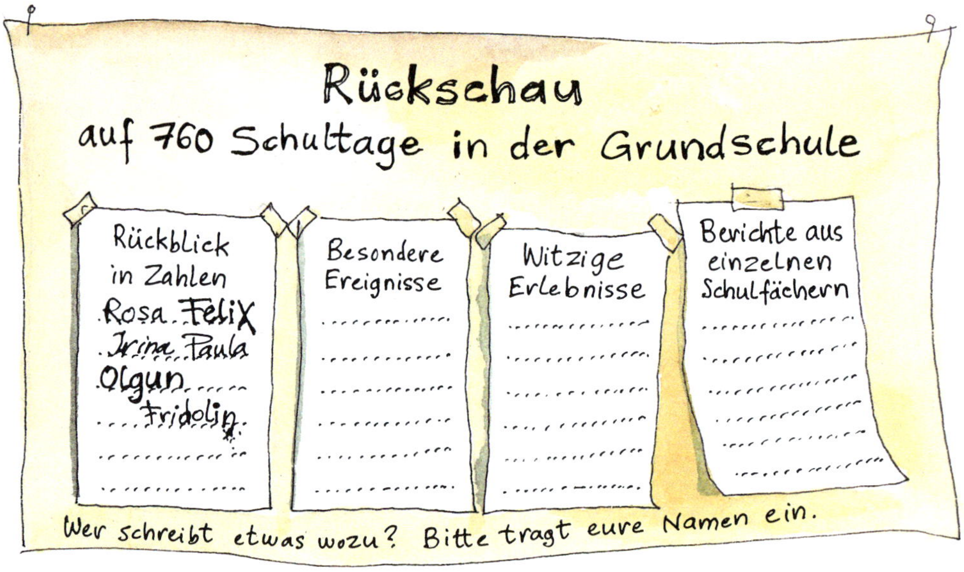

In meinen 4 Schuljahren bin ich in unserem Schulhaus sehr viele Treppenstufen rauf und runter gelaufen. Bis zu unserem Klassenzimmer sind es genau 40 Stufen. Jede Stufe ist 18 cm hoch. Ich bin an einem Schultag mindestens dreimal die Treppen raufgelaufen. Nun stelle ich mir vor, die Stufen führen auf einen Berg.
Wie hoch wäre der Berg dann? Vielleicht sogar so hoch wie der Mount Everest?
Dann wäre ich in meinen vier Schuljahren ja auf den höchsten Berg der Welt gestiegen!
Haltet ihr das für möglich?

Paula

Im dritten Schuljahr hat jeder seinen Schulweg gemessen. Meiner war 780 m lang, hin und zurück das Doppelte. Mein Bruder hat gestern gesagt, ich wäre auf meinem Schulweg in den vier Jahren bestimmt so weit gelaufen wie einmal durch ganz Deutschland, von Hamburg bis München.
Das kann aber doch nicht sein, oder?

Irina

Ich habe ausgerechnet, wie viele Minuten Mathematikunterricht wir in den vier Jahren ungefähr hatten. Das habe ich dann in volle Stunden umgerechnet. Dann habe ich überlegt: Wenn wir rund um die Uhr, also 24 Stunden hintereinander Mathematik gehabt hätten, wie viele Tage in meinem Leben wären das gewesen? Als ich das Ergebnis raus hatte, fand ich das gar nicht so viel. Von mir aus könnte ich ruhig noch mehr Tage mit Rechnen, Knobeln, Zeichnen und Forschen verbringen. Ihr auch?

Rosa

Unsere Lehrerin hat uns erzählt, dass sie in den vier Schuljahren ungefähr 18 000 Kopien für unsere Klasse gemacht hat. Ich habe ein Kopierpapier-Paket mit 500 Blatt auf eine Küchenwaage gelegt. Das Paket wiegt 2 500 g. Ich glaube, dass unsere Lehrerin im Laufe der vier Jahre ganz schön viel Papier in unsere Klasse geschleppt hat. Was meint ihr?

Felix

Im dritten Schuljahr haben wir ja einmal gestoppt, wie viele Sekunden wir für das Herausholen unserer Schulsachen brauchen. Der absolute Rekord lag bei 20 Sekunden. Aber unsere Lehrerin hat gesagt, dass wir meistens eine Minute brauchen. Da wir ja mehrmals am Tag unsere Schulsachen rausholen und wieder einräumen mussten, waren wir wohl mindestens 5 Minuten am Tag mit Ein- oder Auspacken beschäftigt. Was meint ihr, wie viele Stunden das in den vier Schuljahren waren? Glaubt ihr, dass es vertrödelte Zeit war?

OLGUN

(2) Was hast du gerechnet, um die Fragen zu beantworten? Schreibe deine Lösungswege auf.

(3) Erfinde selbst noch eine Rechengeschichte aus deiner Grundschulzeit.

(4) Überlege einmal in Ruhe: Was hat dir in den vier Grundschuljahren im Fach Mathematik besonders gut gefallen? Schreibe es auf.

(5) Kannst du dir vorstellen, was du noch alles in Mathematik lernen kannst?

Anhang für Lehrer und Eltern

Thema	Mathematischer Stoff	Vertiefende Übungen	Seite
Schulquiz / Umfrage an unserer Schule	Umfragen machen, Daten sammeln, Ergebnisse in Schaubildern präsentieren	AH 2-4	4/5
Rechnen mit Stellenwerten	Schriftliche Addition und Subtraktion üben, Aufgaben nach Schwierigkeitsgrad einschätzen	AH 5	6/7
Multiplikation mit großen Zahlen / Felix' "Mal-X"	Halbschriftlich Multiplizieren, verschiedene Rechenwege untersuchen	AH 6/7	8/9
Division mit großen Zahlen / Eine Aufgabe – zwei Ergebnisse?	Halbschriftlich Dividieren, verschiedene Rechenwege untersuchen, Rechengesetze (Punktrechnung vor Strichrechnung, Klammern) begründen und nutzen	AH 8/9	10/11
Alles nur Zufall?	Daten erheben, Häufigkeiten untersuchen und darstellen, Schlüsse in Hinblick auf Wahrscheinlichkeit ziehen		12/13
Zahlenforscher	Ägyptische Zahlen als Beispiel für das Funktionieren des Zehnersystems kennen lernen und mit unserem Stellenwertsystem vergleichen	AH 10	14/15
Große Zahlen darstellen / Mit großen Zahlen rechnen	Vorstellung großer Zahlen entwickeln, mit großen Zahlen im Kopf rechnen	AH 11	16/17
Rechnen nach Adam Riese	Historische Form der Stellenwerttafel kennen lernen, Rechnen in der Stellenwerttafel	AH 12	18/19
Ein langes Zahlenband / Zahlen auf dem Zahlenstrahl	Zahlenband und Zahlenstrahl als Vorstellungshilfen für große Zahlen nutzen, Nachbarzahlen finden, Zahlen vergleichen, Zahlenfolgen erkennen und fortsetzen	AH 13/14	20/21
Das können wir schon	Mit großen Zahlen im Kopf und schriftlich rechnen	AH 15/16	22/23
So viele Zuschauer!	Große Zahlen sammeln und in Diagrammen darstellen, Diagramme mathematisieren, Durchschnittszahlen errechnen	AH 17	24/25
Textaufgabenwerkstatt 1: Olympia-Quiz	Aus Darstellungen Informationen entnehmen und Schlüsse ziehen	AH 18	26/27
Tiere im Winter	Aus Texten mathematisch relevante Informationen entnehmen, Daten mathematisch hinterfragen		28/29
Senkrecht und parallel	Rechte Winkel und parallele Geraden konstruieren	AH 19	30/31
Konstruktionen mit Zirkel und Lineal	Schöne Muster mit Zirkel und Lineal konstruieren, Ornamente selbst gestalten	AH 20/21	32/33
Rechte Winkel / Kreise und Quadrate	Konstruktionen mit dem Zirkel: Vierecke, Kreise, rechte Winkel		34/35
Irina will Millionärin werden / Vom schriftlichen Addieren zum Multiplizieren	Hinführung zur schriftlichen Multiplikation: Zusammenhang von Addition und Multiplikation	AH 22	36/37
Multiplizieren mit glatten Zahlen / Zerlegen in gut teilbare Zahlen	Multiplizieren und Dividieren von Zehnerzahlen	AH 23/24	38/39
Multiplizieren mit großen Zahlen / Schriftlich Multiplizieren	Einführung der schriftlichen Multiplikation mit zweistelligem Multiplikator	AH 25/26	40/41
Ergebnisse überschlagen und eingrenzen / Schöne Aufgaben – schöne Ergebnisse	Ergebnisse mithilfe des Überschlags überprüfen, mit arithmetischen Mustern spielerisch umgehen	AH 27	42/43
Altes und neues Geld	Mit Geldwerten rechnen, Vorteile des dekadischen Münzsystems kennen lernen	AH 28/29	44/45
Wie viel Zucker?	Sachverhalte in Tabellen darstellen, Proportionalitätstabellen als Rechenhilfe nutzen	AH 30/31	46/47
Von Verpackungen und Müllbergen	Diagramme lesen, Ergebnisse in Tabellen präsentieren, verschiedene Darstellungen von Größen vergleichen, Rechnen mit Kommazahlen, in benachbarte Größen umrechnen	AH 32	48/49
Rauminhalte messen	Liter und Milliliter kennen lernen, mit Alltagsbrüchen umgehen, in benachbarte Größen umrechnen, Vorerfahrungen zum Rauminhalt sammeln	AH 33/34	50/51
Preisbewusst einkaufen ... ist gar nicht so leicht!	Mit Geld rechnen, Überschlagsrechnung in Alltagssituationen	AH 35-37	52/53
Textaufgabenwerkstatt 2: Rechenprobleme für Olgun	Die mathematische Struktur von Textaufgaben erkennen, Skizzen als Lösungshilfen anwenden, sich Rechenpläne überlegen	AH 38-39	54/55

Wie viel von einer Pizza? / Bruchteile eines Ganzen	Alltagsbrüche erklären und verwenden	AH 40	56/57
Teiler finden / Mit Malflitzern durchs Zahlenland	Vielfache und Teiler einer Zahl ermitteln		58/59
Dividieren mit und ohne Rest / Schriftlich dividieren	Schriftliche Division mit einstelligem Divisor erarbeiten und dabei verschiedene Rechenverfahren vergleichen	AH 41/42	60/61
Felix' Restetrick / Schriftlich dividieren durch größere Zahlen	Teilbarkeiten von Zahlen ermitteln, Verfahren der schriftlichen Division durch Zehnerzahlen und Strategien zum Lösen schwieriger Divisionsaufgaben entwickeln	AH 43	62/63
Das „magische" Ei	Geometrische Formen herstellen und mit ihnen gestalten, mit dem Zirkel konstruieren		64/65
Textaufgabenwerkstatt 3: Zahlenrätsel und Probieraufgaben	In Sachaufgaben die mathematische Struktur erkennen, Textaufgaben selbst verfassen, Skizzen als Lösungshilfen verwenden	AH 44	66/67
Wie viel Wasser brauchen wir? / Wenn es zu wenig regnet	Aus Texten, Tabellen und Diagrammen Informationen entnehmen und mathematisieren	AH 45	68/69
Entdeckungen an einem Kunstwerk / Fläche und Umfang	Vorerfahrungen zu Flächeninhalt und Umfang sammeln	AH 46	70/71
Flächen vergrößern und verkleinern	Geometrische und arithmetische Muster vergleichen, Flächen vergrößern und verkleinern	AH 47	72/73
Ein Mathe-Geburtstag	Schwierigere Zeitspannen berechnen, mit Zahlen und Datumsangaben spielerisch rechnen	AH 48	74/75
Rund um die Erde ... und zum Mond	Mit Kilometern rechnen, Größenvorstellungen zu Längen entwickeln, Informationen zum Thema Weltraum sammeln	AH 49	76/77
Fit im Rechnen mit Größen ... und mit Kommazahlen	Ein Größenmemory erstellen, in benachbarte Einheiten umwandeln, mit Dezimalzahlen bei Größen rechnen	AH 50/51	78/79
Nach Berlin mit dem Zug / Nach Istanbul mit dem Auto	Mit Zeitspannen und Kilometerangaben rechnen, Fahrpläne und Routenplaner lesen, selbst Sachaufgaben erfinden	AH 52/53	80/81
Nach Rom mit dem Flugzeug	Zum Thema Zeitspannen und Zeitzonen authentisch rechnen, Daten aus Texten und Tabellen entnehmen, Informationen zum Airbus interpretieren und mathematisieren	AH 54	82/83
Kreismuster – Mehrfachspiegelungen	Mehrfach achsensymmetrische Figuren erstellen	AH 55	84/85
Zweierlei Symmetrien	Spielerisch mit Achsensymmetrie und Drehsymmetrie umgehen	AH 56	86/87
Taschenrechner	Den Taschenrechner kennen lernen, als Hilfsmittel nutzen, zur Kontrollrechnung verwenden		88/89
Rechnen mit x / Köpfchen, Köpfchen	Gleichungen und Ungleichungen lösen, Geheimschriften und Knobelaufgaben lösen	AH 57/58	90/91
Textaufgabenwerkstatt 4: Skizzen / Zeitplanung gar nicht einfach	Sachprobleme mithilfe von Skizzen lösen, Lösungsplanung bei Sachaufgaben überlegen	AH 59	92/93
Gebäude geometrisch betrachtet / Kegel, Säule, Pyramide	An einem Gebäude geometrische Körper entdecken, Eigenschaften der Körper beschreiben, Netze untersuchen	AH 60	94/95
Eigenschaften von Körpern / Kantenmodelle	Eigenschaften von Körpern beschreiben, Kantenmodelle herstellen	AH 61	96/97
Ein Zirkus in unserer Stadt	Daten aus unterschiedlichen Darstellungen und Texten entnehmen, Sachverhalte interpretieren und mathematisieren, Rechenfragen überlegen		98/99
Wo kommen die Fußbälle her?	Aus Texten Informationen entnehmen, diese in eine mathematische Struktur übertragen	AH 62	100/101
Überlegen und Probieren	Aufgaben mit Knobelcharakter lösen, Zahlenfolgen erkennen und fortsetzen	AH 63	102/103
Rückblick in Zahlen	Informationen aus Texten entnehmen, selbst Daten recherchieren, selbst Rechengeschichten erfinden	AH 64	104/105
Anhang für Lehrer und Eltern / Mathematische Themenplanung			106/107
Die Matheprofis nehmen Abschied	Über 4 Jahre Grundschulzeit und 4 Jahre Arbeit mit den Matheprofis nachdenken		108

Die Matheprofis nehmen Abschied

Zum Schluss haben sich die Matheprofis an 4 Jahre Grundschule erinnert und ein Gedicht geschrieben.

Rückblick

Die Grundschulzeit ist nun vorbei,
wir sagen: „Wiederseh'n!"
Wir schwelgen in Erinnerung,
wie war es doch so schön.

Mathe war vier Jahre lang
die Lieblingsstunde aller!
Vom „Eins plus eins" bis zur Million,
das Lernen war ein Knaller.

Im ersten Jahr der Grundschulzeit
begannen wir mit Zählen;
Kastanien, Nüsse, Gummibär'n,
die durften wir auswählen.

Wir lernten mit der „Tafel" teilen,
doch eines war sehr schade:
Die Rechnung ging nicht immer auf
bei einer Schokolade.

Mit selbst gemachtem Nagelbrett,
mit Zirkel, Lineal,
Geometrie war so geseh'n
für uns echt genial.

Auch plus und minus, mal und durch,
wir rechneten fast alles
mit Zahlenblick und Rechentrick
„im Falle eines Falles".

Im vierten Jahr der Grundschulzeit,
ging's ab in höh're Sphären:
mit großen Zahlen wurden wir
ganz schnell zu Millionären.

Wir „Profis" haben viel gelernt,
gespielt und auch gelacht.
Zusammen hat der Unterricht
uns großen Spaß gemacht!

Und an was erinnerst du dich?